高职高专机械类专业新形态教材

SolidWorks 机械设计实例教程
（2022 中文版）

主　编　孙　慧　徐丽娜
副主编　张宠元　孟　强
参　编　祁晨宇　王　慧　刘百顺　王广军　赵　献
主　审　尹　亮

机械工业出版社

本书以 SolidWorks 2022 软件为平台,以企业典型任务案例为载体,采用"由浅入深、循序渐进"的教学理念,详细介绍了 SolidWorks 2022 软件操作方法和应用技巧。全书共 11 个项目,主要内容包括:SolidWorks 2022 基础知识认知、二维草图的设计、盘类零件的设计、轴类零件的设计、套类零件的设计、盖类零件的设计、箱体类零件的设计、曲线曲面的设计、装配体的设计、工程图的设计、运动仿真的设计。每个项目结合典型案例进行详细讲解,并配有二维码教学视频,方便读者扫码观看。

本书内容突出实用性和技巧性,可以使读者很快地掌握 SolidWorks 2022 机械设计的方法,同时还可以了解 SolidWorks 软件在行业企业中的应用,培养读者的工程设计实践能力。

本书可作为高职高专院校装备制造大类相关专业的教学用书,同时可供有关工程技术人员自学使用。

本书配套源文件、电子课件和教学视频等教学资源,有需要的教师可登录机工教育服务网 www.cmpedu.com 注册下载。

图书在版编目(CIP)数据

SolidWorks 机械设计实例教程:2022 中文版 / 孙慧,徐丽娜主编. --北京:机械工业出版社,2024.11(2025.7重印).(高职高专机械类专业新形态教材). -- ISBN 978-7-111-76426-7

Ⅰ. TH122

中国国家版本馆 CIP 数据核字第 20248RB753 号

机械工业出版社(北京市百万庄大街 22 号 邮政编码 100037)
策划编辑:王英杰   责任编辑:王英杰 赵晓峰
责任校对:李 杉 宋 安   封面设计:鞠 杨
责任印制:常天培
河北虎彩印刷有限公司印刷
2025 年 7 月第 1 版第 2 次印刷
184mm×260mm・15.75 印张・384 千字
标准书号:ISBN 978-7-111-76426-7
定价:49.50 元

电话服务   网络服务
客服电话:010-88361066   机 工 官 网:www.cmpbook.com
         010-88379833   机 工 官 博:weibo.com/cmp1952
         010-68326294   金 书 网:www.golden-book.com
封底无防伪标均为盗版   机工教育服务网:www.cmpedu.com

前　言

　　本书贯彻党的二十大报告精神，弘扬社会主义核心价值观，以立德树人、校企合作、产教融合为指导，聚焦智能制造，助力实现制造强国战略目标。机械 CAD/CAM 技术在智能制造领域中扮演着关键角色，它不仅能够显著缩短产品的设计周期、优化设计方案、还能有效提升企业的生产效率和产品质量，进而降低生产成本，增强企业的市场竞争力，所以掌握机械 CAD/CAM 技术对高等院校的学生来说是十分必要的。

　　SolidWorks 软件是美国 SolidWorks 公司开发的世界上第一个基于 Windows 操作系统的三维 CAD 系统，自 1995 年问世以来，以其优异的性能、易用性和创新性，极大地提高了设计者的设计效率，已成为全球装机量最大、最好用的工程软件之一，广泛应用于机械、航空、航天、汽车、模具、船舶、家用电器及医用设备等领域。

　　本书是基于目前装备制造企业对 SolidWorks 软件应用人才的需求和高职高专院校对 SolidWorks 软件的教学需求而编写的。全书共分为 11 个项目，由 20 个案例任务及 20 多道技能拓展训练题组成，按照初学者的学习习惯，采用"由浅入深、循序渐进"的理念，在任务案例的引领下学习任务所需的理论知识和操作技能。通过本书全部任务的学习，读者可以熟练掌握使用 SolidWorks 2022 软件进行机械零部件设计的基本技能。

　　本书内容包括：SolidWorks 2022 基础知识认知、二维草图的设计、盘类零件的设计、轴类零件的设计、套类零件的设计、盖类零件的设计、箱体类零件的设计、曲线曲面的设计、装配体的设计、工程图的设计、运动仿真的设计。

　　本书特色如下：

　　1. 任务选取上，突出"面向基础、内容丰富、步骤详细、通俗易懂、快速上手"的原则，按照"典型案例+知识链接+技巧点拨"相结合的形式安排全书内容。

　　2. 采用"项目导向、任务驱动"的教学模式，将知识点、技能点有机融合到每个任务案例中，以达到"教、学、做"一体化的教学目标。

　　3. 每个项目配套技能拓展训练题，提供了完整的二维草图和三维实体图，可以提高读者的机械识图能力。

　　4. 配套源文件、电子课件和教学视频等数字化教学资源，满足广大师生线上线下混合式教学需要。

　　5. 编者团队在 MOOC 平台建设了在线课程，本书是其配套教材，在线课的网址：https://mooc.icve.com.cn/cms/courseDetails/index.htm?classId=709ed6896e444ec7ac9f3af3e5952bcb

　　本书由包头职业技术学院孙慧、徐丽娜任主编，包头职业技术学院张宠元、孟强、祁晨宇、王慧，包头轻工职业技术学院刘百顺，包头市胜德鑫特种型材制造有限公司工程师王广军和内蒙古包钢钢联股份有限公司运输部高级工程师赵献合作编写，具体分工如下：孙慧编写项目 6、项目 7，徐丽娜编写项目 2、项目 3 中任务 3.2，张宠元编写项目 8，孟强编写项目 4、项目 5，祁晨宇编写项目 9 中任务 9.2、项目 10，王慧编写项目 1，刘百顺编写项目 3 中任务 3.1，王广军编写项目 11，赵献编写项目 9 中任务 9.1。全书由孙慧统稿，由包头职业技术学院尹亮副教授主审，尹教授提出了许多宝贵的修改意见，在此表示衷心的感谢。

　　本书在编写过程中，参考及引用了相关资料，在此对相关文献的作者表示诚挚的感谢。

　　由于编者水平有限，书中错误、遗漏及不足之处在所难免，敬请广大读者和同仁批评指正。

编　者

二维码清单

名称	二维码	名称	二维码	名称	二维码
任务2.1 连杆草图的设计		任务6.1 传动箱盖的设计		任务10.1 螺纹轴工程图的设计	
任务2.2 支架草图的设计		任务6.2 密封压盖的设计		任务10.2 阀体工程图的设计	
任务3.1 法兰盘的设计		任务7.1 泵体的设计		任务11.1 单缸摇摆蒸汽机运动仿真的设计	
任务3.2 调节盘的设计		任务7.2 变速箱体的设计		任务11.2 挖掘机运动仿真的设计	
任务4.1 减速器传动轴的设计		任务8.1 叶轮的设计		拓展任务1：内燃机曲柄连杆机构运动仿真的设计	
任务4.2 齿轮轴的设计		任务8.2 手表外壳的设计		拓展任务2：万向联轴器运动仿真的设计	
任务5.1 活塞的设计		任务9.1 台虎钳装配体的设计			
任务5.2 套筒的设计		任务9.2 发动机装配体的设计			

目　录

前言
二维码清单
项目 1　SolidWorks 2022 基础知识认知 ………………………… 1
　任务 1.1　SolidWorks 2022 认知 …………… 1
　任务 1.2　SolidWorks 2022 操作界面认知 … 5
　技能拓展训练题 …………………………… 14
项目 2　二维草图的设计 ……………… 15
　任务 2.1　连杆草图的设计 ………………… 15
　任务 2.2　支架草图的设计 ………………… 35
　技能拓展训练题 …………………………… 44
项目 3　盘类零件的设计 ……………… 46
　任务 3.1　法兰盘的设计 …………………… 46
　任务 3.2　调节盘的设计 …………………… 58
　技能拓展训练题 …………………………… 64
项目 4　轴类零件的设计 ……………… 66
　任务 4.1　减速器传动轴的设计 …………… 66
　任务 4.2　齿轮轴的设计 …………………… 71
　技能拓展训练题 …………………………… 80
项目 5　套类零件的设计 ……………… 83
　任务 5.1　活塞的设计 ……………………… 83
　任务 5.2　套筒的设计 ……………………… 93
　技能拓展训练题 …………………………… 102
项目 6　盖类零件的设计 ……………… 105
　任务 6.1　传动箱盖的设计 ………………… 105
　任务 6.2　密封压盖的设计 ………………… 110
　技能拓展训练题 …………………………… 120
项目 7　箱体类零件的设计 …………… 122
　任务 7.1　泵体的设计 ……………………… 122
　任务 7.2　变速箱体的设计 ………………… 131
　技能拓展训练题 …………………………… 144
项目 8　曲线曲面的设计 ……………… 147
　任务 8.1　叶轮的设计 ……………………… 147
　任务 8.2　手表外壳的设计 ………………… 156
　技能拓展训练题 …………………………… 167
项目 9　装配体的设计 ………………… 169
　任务 9.1　台虎钳装配体的设计 …………… 169
　任务 9.2　发动机装配体的设计 …………… 188
　技能拓展训练题 …………………………… 200
项目 10　工程图的设计 ………………… 203
　任务 10.1　螺纹轴工程图的设计 ………… 203
　任务 10.2　阀体工程图的设计 …………… 213
　技能拓展训练题 …………………………… 230
项目 11　运动仿真的设计 ……………… 232
　任务 11.1　单缸摇摆蒸汽机运动仿真的设计 …………………………… 232
　任务 11.2　挖掘机运动仿真的设计 ……… 235
　技能拓展训练题 …………………………… 241
参考文献 ………………………………… 243

项目 1

SolidWorks 2022基础知识认知

  SolidWorks 是实现数字化设计的三维软件，同时具有开放的系统，添加各种插件后，可实现产品的三维建模、虚拟装配、运动仿真、有限元分析、加工仿真等，可以保证产品从设计、工程分析、工艺分析、加工模拟到制造过程的数据一致性，从而真正实现产品的数字化设计和制造，并大幅度提高了产品的设计效率和质量，广泛应用于机械制造、航空航天、模具设计、汽车制造、电子设计等产品的加工制造领域。本项目以 SolidWorks 2022 软件为平台，主要介绍该软件的基本知识以及操作界面的基本应用与操作。

任务 1.1　SolidWorks 2022 认知

【知识目标】

  通过本任务的学习，初步认识 SolidWorks 2022 软件的基本知识，包括软件的启动、文件的新建与打开等操作方法及应用。

【技能目标】

  能熟练操作 SolidWorks 2022 软件的启动、新建文件、保存文件等。

【素质目标】

  培养爱岗敬业、遵纪守法的职业素养；培养互帮互助、团队协作的优良品质；培养一丝不苟、精益求精的工匠精神。

【任务布置】

  学习 SolidWorks 2022 软件的启动、新建文件、保存文件、打开文件、退出界面等操作过程。

【任务实施】

1. 启动 SolidWorks 2022

  安装 SolidWorks 2022 后，在 Windows 的操作环境下，在桌面单击 SolidWorks 2022 的快捷方式图标，或者选择"开始"→"程序"→"SolidWorks 2022"命令，就可以启动 SolidWorks 2022，启动后的界面如图 1-1 所示。

2. 新建 SolidWorks 文件

  1）单击图 1-1 所示对话框中"零件""装配体""工程图"三个图标中的一个文件类

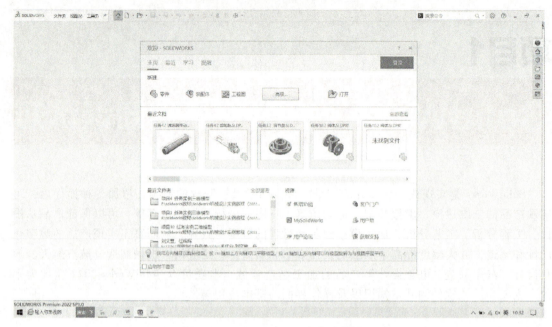

图 1-1　SolidWorks 2022 启动后的界面

型，系统就进入相应类型文件的创建界面。

2）不同类型的文件，其工作界面和环境是不同的。图 1-2 所示为新建零件的工作界面，图 1-3 所示为新建装配体的工作界面，图 1-4 所示为新建工程图的工作界面。

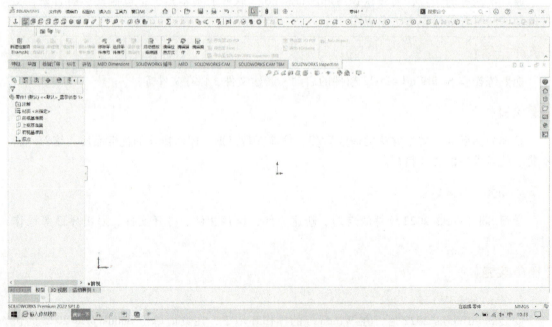

图 1-2　新建零件的工作界面

3. 保存 SolidWorks 文件

1）换名保存文件。在 SolidWorks 启动状态下，选择"文件"→"另存为"菜单命令。执行命令后，系统弹出"另存为"对话框，如图 1-5 所示。选择文件夹，输入文件名后，单击

项目1　SolidWorks 2022基础知识认知

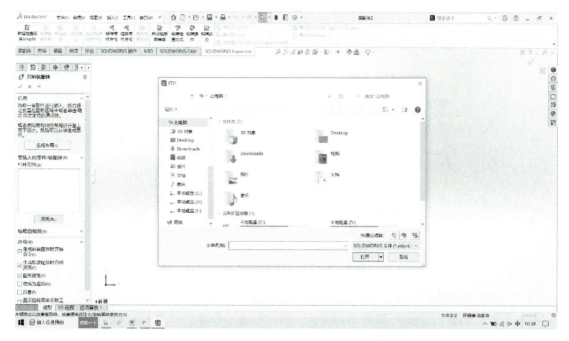

图 1-3　新建装配体的工作界面

图 1-4　新建工程图的工作界面

"保存"按钮，又回到编辑界面。

2）更新内容保存文件。单击"标准"工具栏中的"保存"按钮，或者选择"文件"→"保存"菜单命令。此命令可将目前编辑的工作视图按原先读取的文件名存盘，如果工作视图是新建的文件，则系统自动启动另存为新文件功能。

图 1-5 "另存为"对话框

4. 打开 SolidWorks 文件

1）执行"打开"命令。启动 SolidWorks 后，单击"标准"工具栏中的"打开"按钮，或者选择"文件"→"打开"菜单命令。执行命令后，系统弹出"打开"对话框。

2）选择文件类型和文件。在"打开"对话框中的"文件类型"下拉菜单中选择所需要的文件类型，对话框中会显示与类型对应的文件。单击所需文件名选择具体文件，此时对话框中的"文件名"框中显示其文件名，如图 1-6 所示。

图 1-6 "打开"对话框

3）单击"打开"按钮，即进入编辑界面。

技巧点拨：使用<Ctrl+Tab>键循环进入 SolidWorks 中打开的文件。

5. 退出 SolidWorks 界面

退出文件。单击界面右上角的"关闭"图标按钮，或者选择"文件"→"关闭"菜单命令。

项目1 SolidWorks 2022基础知识认知

任务1.2　SolidWorks 2022操作界面认知

【知识目标】

通过本任务的学习，了解 SolidWorks 2022 软件的操作界面，包括菜单栏、工具栏、FeatureManager 设计树、绘图区及状态栏等，鼠标按键操作、键盘按键操作以及参考几何体创建的方法与应用。

【技能目标】

能熟练操作 SolidWorks 2022 软件工具栏、鼠标按键、键盘按键及参考几何体等。

【素质目标】

培养爱岗敬业、遵纪守法的职业素养；培养互帮互助、团队协作的优良品质；培养一丝不苟、精益求精的工匠精神。

【任务布置】

了解 SolidWorks 2022 软件的操作界面，掌握工具栏、鼠标按键、键盘按键以及参考几何体等操作过程。

【任务实施】

1. SolidWorks 2022 操作界面介绍

SolidWorks 2022 软件是完全基于 Windows 环境开发的，因此它可以为设计者提供简便和熟悉的工作界面。这里重点以零件文件操作界面为例，介绍 SolidWorks 2022 操作界面，如图 1-7 所示。

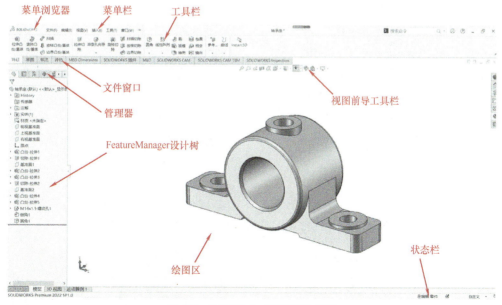

图 1-7　SolidWorks 2022 操作界面

（1）**菜单栏**　包括所有的操作命令。
（2）**工具栏**　一般显示常用的按钮，可以根据用户需要进行相应的设置。
（3）**FeatureManager 设计树**　记录文件的创建环境以及每一步骤的操作，对于不同类型的文件，其特征管理器有所区别。通过设计树可以方便地对三维模型进行修改和设计。
（4）**绘图区**　用户绘图的区域，文件的所有草图和特征生成都在该区域中完成。FeatureManager 设计树和绘图窗口为动态链接，可在任一窗口中选择特征、草图、工程图和构造几何体。
（5）**状态栏**　状态栏的作用是提示操作。

技巧点拨：选择"窗口"→"视口"菜单命令，同时观看两个或多个同一模型的不同视角。

2. 工具栏的操作

（1）**打开工具栏**　SolidWorks 有很多可以按需要显示或者隐藏的内置工具栏。在工具栏中或工具栏空白处右击，选择"工具栏"命令，将显示图 1-8 所示的工具栏快捷菜单，在菜单项中单击名称，如"标准视图"，会出现浮动的"标准视图"工具栏，这样就可以自由拖动工具栏并将其放在需要的位置。

图 1-8　工具栏快捷菜单

（2）**常用工具栏**　SolidWorks 的常用工具栏如图 1-9~图 1-11 所示。

图 1-9　"标准视图"工具栏

项目1　SolidWorks 2022基础知识认知

图1-10　"草图"工具栏

图1-11　"特征"工具栏

技巧点拨：① 按<Space>键，弹出快捷菜单，双击某一视图后，模型将转向某一方向。② 使用<Ctrl+1~8>组合键，可以快速定位视图。

（3）增加工具栏　在工具栏中或工具栏空白处右击，选择"自定义"命令，在打开的"自定义"对话框中单击"命令"选项卡，如图1-12所示，可以自由拖动右边的按钮，并将其放在需要的工具栏位置上。

图1-12　"自定义"对话框

3. 按键操作

（1）鼠标按键操作　三键鼠标各键的作用如图1-13所示。

1）左键：可以选择功能选项或者操作对象。

2）中键：只能在图形区使用，一般用于旋转、平移和缩放。在零件图或装配体的环境下，按住鼠标中键不放，移动鼠标就可以实现旋转；按住键盘上的<Ctrl>键，然后按住鼠标

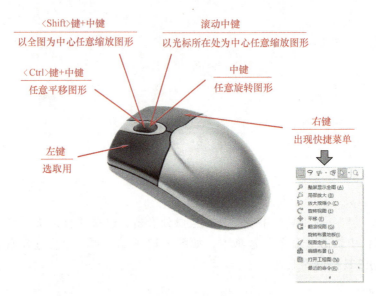

图 1-13 三键鼠标各键的作用

中键不放,移动鼠标就可以实现平移;按住键盘上的<Shift>键,然后按住鼠标中键不放,移动鼠标就可以实现缩放;直接前后滚动鼠标中键,也可以实现缩放。

3)右键:显示快捷菜单。

(2)键盘按键操作 SolidWorks 中的键盘按键分为加速键和快捷键。

1)加速键:大部分菜单项和对话框中都有加速键,由带下划线的字母表示。若想在菜单或对话框中显示带下划线的字母,则可以按<Alt>键。若想访问菜单,则可以按<Alt>键再加上带下划线的字母。例如,按<Alt+E>组合键即可显示编辑菜单。如想执行命令,在显示菜单后,继续按住<Alt>键,再按带下划线的字母。如按<Alt+E>组合键,然后按<C>键关闭活动文档。加速键可多次使用。继续按住该键可循环通过所有可能情形。

2)快捷键:快捷键多为组合键,如菜单右边所示,这些键可自定义。用户可从"自定义"对话框的"键盘"选项卡中打印或复制快捷键列表。常用的快捷键见表 1-1。

表 1-1 常用的快捷键

操作	快捷键	操作	快捷键
放大	<Shift+Z>	重复上一命令	<Enter>
缩小	<Z>	重建模型	<Ctrl+B>
整屏显示全图	<F>	重绘屏幕	<Ctrl+R>
视图定向菜单	<Space>	撤销	<Ctrl+Z>

4. 参考几何体

1)选择"插入"→"参考几何体"→"基准面"菜单命令或单击"参考几何体"工具栏中的"基准面"按钮,系统弹出图 1-14 所示的"基准面"属性管理器。

"第一参考"选项组中各约束选项的含义如下:

①"平行"按钮 :通过模型的表面生成一个基准面,如图 1-15 所示。

项目1　SolidWorks 2022基础知识认知

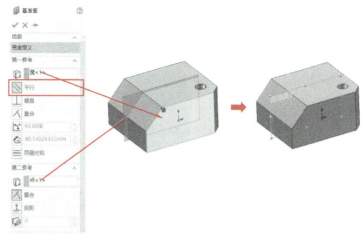

图1-14　"基准面"属性管理器　　　　图1-15　"平行"约束创建基准面

② "垂直"按钮 ⊥：生成垂直于一条边线、轴线或者平面的基准面，如图1-16所示。

③ "重合"按钮 人：通过一个点、线和面生成基准面，如图1-17所示。

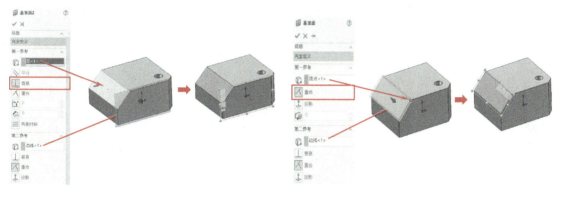

图1-16　"垂直"约束创建基准面　　　　图1-17　"重合"约束创建基准面

④ "两面夹角"按钮：通过一条边线（或者轴线、草图线等）与一个面（或者基准面）成一定夹角生成的基准面，如图1-18所示。如勾选"反转等距"复选框，会生成相反方向的基准面；"要生成的基准面数"选项，指要生成多少个基准面。

⑤ "偏移距离"按钮：生成一个与参考平面平行且间隔指定距离的基准面，如图1-19所示。

⑥ "两侧对称"按钮：在选定的两个参考平面之间生成一个两侧对称的基准面，如图1-20所示。

⑦ "相切"按钮：当选择圆柱面为参考对象时，该按钮有效，用于生成一个与圆柱面相切的基准面，如图1-21所示。

"第二参考"选项组、"第三参考"选项组中包含的约束选项与"第一参考"选项组设置相同，此处不再重复阐述。

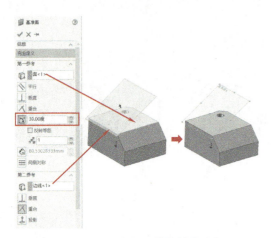

图 1-18 "两面夹角"约束创建基准面

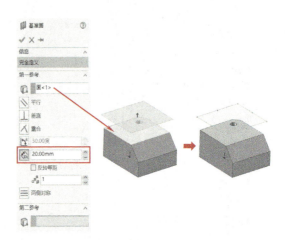

图 1-19 "偏移距离"约束创建基准面

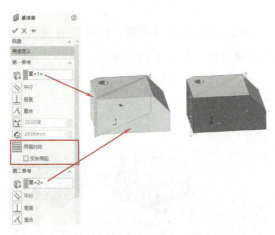

图 1-20 "两侧对称"约束创建基准面

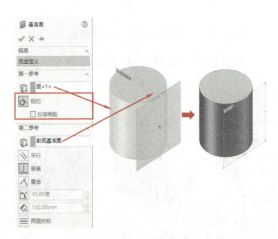

图 1-21 "相切"约束创建基准面

技巧点拨：按住<Ctrl>键并且拖动一个参考基准面，可快速复制出一个等距基准面。

2）选择"插入"→"参考几何体"→"基准轴"菜单命令或单击"参考几何体"工具栏中的"基准轴"按钮 ∕ ，系统弹出图 1-22 所示的"基准轴"属性管理器。

各选项的含义如下：

① "一直线/边线/轴"按钮 ∕ ：选择一条草图直线或边线作为基准轴，或双击选择临时轴（圆柱或圆锥隐含生成的）作为基准轴，如图 1-23 所示。

② "两平面"按钮 ：选择两个平面，两平面的交线作为基准轴，如图 1-24 所示。

③ "两点/顶点"按钮 ：选择两个顶点、点或中点之间的连线作为基准轴，如图 1-25 所示。

图 1-22 "基准轴"属性管理器

项目1 SolidWorks 2022基础知识认知

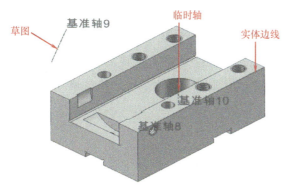

图 1-23 "一直线/边线/轴"创建基准轴

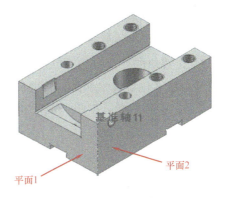

图 1-24 "两平面"创建基准轴

④ "圆柱/圆锥面"按钮 ：选择一个圆柱面或圆锥面，将其轴线作为基准轴，如图 1-26 所示。

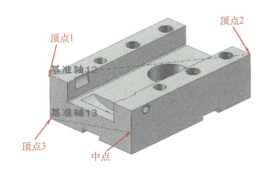

图 1-25 "两点/顶点"创建基准轴

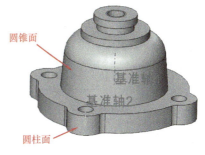

图 1-26 "圆柱/圆锥面"创建基准轴

⑤ "点和面/基准面"按钮 ：选择一个平面（或者基准面），然后选择一个点（或者顶点、中点等），由此所生成的轴通过所选择的点（或者顶点、中点等）并垂直于所选的平面（或者基准面），如图 1-27 所示。

3）选择"插入"→"参考几何体"→"坐标系"菜单命令或单击"参考几何体"工具栏中的"坐标系"按钮 ，系统弹出图 1-28 所示的"坐标系"属性管理器。

图 1-27 "点和面/基准面"创建基准轴

① "位置"选项组中各选项的含义。

"原点"选项：选择绘图区中零件或者装配体的 1 个顶点、点、中点或者默认的原点。勾选"用数值定义位置"复选框：分别通过定义 X 坐标、Y 坐标、Z 坐标来设置原点位置。系统中坐标系各轴的颜色：X 轴方向为红色，Y 轴方向为绿色，Z 轴方向为蓝色。

② "方向"选项组中各选项的含义。

"X 轴"选项：单击顶点、点或者中点，X 轴与所选点对齐；单击线性边线或者草图直线，X 轴与所选的边线或者直线平行；单击非线性边线或者草图实体，X 轴与所选实体上选择的位置对齐。同理，设置"Y 轴"和"Z 轴"选项。

勾选"用数值定义旋转"复选框："X 旋转角度"按钮表示 Y-Z 平面绕 X 轴旋转角度值；"Y 旋转角度"按钮表示 X-Z 平面绕 Y 轴旋转角度值；"Z 旋转角度"按钮表示 X-Y 平面绕 Z 轴旋转角度值。角度值为"正"时，沿逆时针方向旋转；角度值为"负"时，沿顺时针方向旋转，如图 1-29 所示。

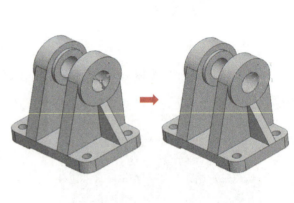

图 1-28 "坐标系"属性管理器　　　　　　图 1-29 创建坐标系

4) 选择"插入"→"参考几何体"→"点"菜单命令或单击"参考几何体"工具栏中的"点"按钮，系统弹出图 1-30 所示的"点"属性管理器。

各选项的含义如下：

① "圆弧中心"按钮：选择圆弧中心或圆心创建点，如图 1-31 所示。

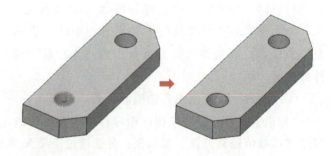

图 1-30 "点"属性管理器　　　　　　图 1-31 "圆弧中心"创建点

② "面中心"按钮：选择一个面创建点，如图 1-32 所示。

③ "交叉点"按钮：选择两条曲线（或者直线、圆弧等）创建点，如图 1-33 所示。

项目1　SolidWorks 2022基础知识认知

 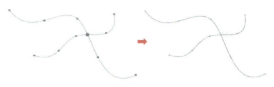

图 1-32　"面中心"创建点　　　　　图 1-33　"交叉点"创建点

④ "投影"按钮：将选择的点投影到选择的面上创建点，如图 1-34 所示。

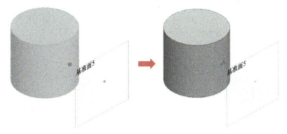

图 1-34　"投影"创建点

⑤ "在点上"按钮：选择草图曲线上的端点创建点，如图 1-35 所示。

⑥ "沿曲线距离或多个参考点"按钮：可沿边线、曲线或草图线段生成一组参考点，需输入距离或百分比数值。

"距离"选项：按照设置的距离生成参考点数，如图 1-36 所示。

图 1-35　"在点上"创建点

"百分比"选项：按照设置的百分比生成参考点数，如图 1-37 所示。

"均匀分布"选项：在实体上均匀分布参考点数，如图 1-38 所示。

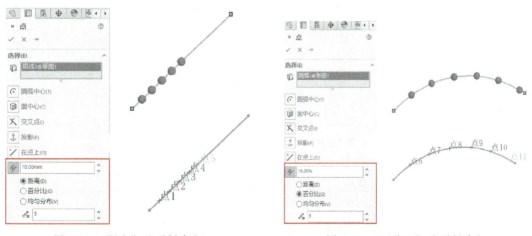

图 1-36　"距离"选项创建点　　　　　图 1-37　"百分比"选项创建点

技巧点拨：通过选择要应用虚拟交点的两条线并激活"点"命令，便可以快速添加虚拟交点。

SolidWorks机械设计实例教程（2022中文版）

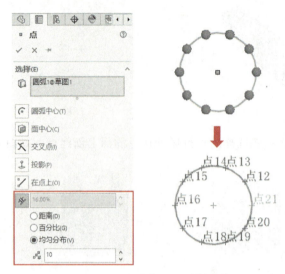

图1-38 "均匀分布"选项创建点

技能拓展训练题

【拓展任务】

（1）使用SolidWorks 2022如何新建文件、保存文件？

（2）请简述SolidWorks 2022操作界面的组成及其用途。

（3）请自定义一些自己常用的工具栏。

（4）请简述三键鼠标在SolidWorks 2022中各键的作用。

（5）在SolidWorks 2022中创建基准面的方法有哪几种？

（6）在SolidWorks 2022中创建基准轴的方法有哪几种？

【任务评价】

任务评价单

专业：_____ 班级：_____ 姓名：_____ 组别：_____

评价内容	评价标准	评价分值	自我评价（50%）	小组互评（20%）	教师评价（30%）
知识点掌握情况	关键知识点内化	30分			
操作熟练程度	操作快速、准确	35分			
小组协作精神	相互交流、讨论、确定设计思路	10分			
课堂纪律	认真思考、刻苦钻研	10分			
学习主动性	学习意识增强、精益求精、敢于创新	15分			
	小计	100分			
	总评				

小组组长签字：_____　　任课教师签字：_____

项目2 二维草图的设计

熟练掌握 SolidWorks 草图绘制技巧是全面掌握三维零件设计的基础。草图实体是由点、直线、圆、圆弧等基本几何体元素构成的几何形状。草图包括草图实体、几何关系和尺寸标注等信息,它是和特征紧密相关的,是为特征服务的,甚至可以为装配体或工程图服务,所以掌握草图绘制技巧尤为重要。本项目主要介绍连杆和支架零件二维草图绘制的一般方法与应用技巧。

任务 2.1 连杆草图的设计

【知识目标】

通过本任务的学习,熟练掌握中心线、直线、圆、边角矩形、倒圆角、几何关系、智能尺寸、等距实体、裁剪实体等命令的应用与操作方法。

【技能目标】

能运用草图命令绘制连杆零件轮廓的二维草图。

【素质目标】

培养爱岗敬业、遵纪守法的职业素养;培养互帮互助、团队协作的优良品质;培养一丝不苟、精益求精的工匠精神。

【任务布置】

根据已知连杆零件图样,精确地完成其轮廓的二维草图设计,如图2-1所示。

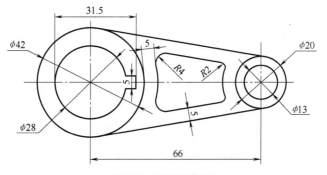

图 2-1 连杆零件图

连杆草图
的设计

【任务实施】

1) 新建文件。启动 SolidWorks 2022 软件，单击工具栏中的"新建"按钮 ，系统弹出"新建 SolidWorks 文件"对话框，在"模板"选项卡中选择"零件"选项，单击"确定"按钮。

2) 在模型树上选择"前视基准面"，单击"草图"工具栏中的"草图绘制"按钮，或者单击鼠标右键，在弹出的快捷菜单中选择"草图绘制"命令，如图 2-2 所示，进入草图绘制环境，开始绘制零件草图。

3) 单击"草图"工具栏中的"中心线"按钮，在绘图区绘制中心线，如图 2-3 所示。

4) 单击"草图"工具栏中的"圆"按钮，系统弹出"圆"属性管理器，在"圆类型"选项中选择"圆"，然后绘制 4 个圆。其次，单击"草图"工具栏中的"智能尺寸"按钮，选择左边最大圆轮廓，在弹出的"修改"对话框修改尺寸数值为"42"，单击"修改"对话框中的✔按钮，同理，标注其余 3 个圆的直径分别为"28""20"和"13"；选取水平的中心线，在弹出的"修改"对话框修改尺寸数值为"66"，单击"修改"对话框中的✔按钮，结果如图 2-4 所示。

图 2-2 "草图绘制"命令

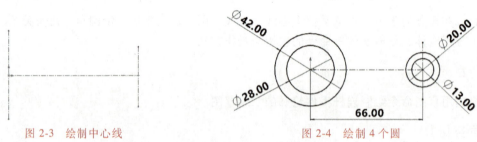

图 2-3 绘制中心线　　　　图 2-4 绘制 4 个圆

5) 单击"草图"工具栏中的"直线"按钮，绘制两段直线。其次，单击"草图"工具栏中的"添加几何关系"按钮，系统弹出"添加几何关系"属性管理器，分别选择图 2-5 所示的直线和圆，然后在"添加几何关系"选项组中单击"相切"按钮，同理，

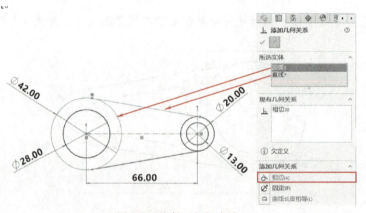

图 2-5 绘制两相切直线

添加其他圆与直线之间的相切约束关系，最后单击"添加几何关系"属性管理器中的 ✓ 按钮。

6）单击"草图"工具栏中的"等距实体"按钮 ，系统弹出"等距实体"属性管理器，在"参数"选项组的"等距距离"选项中输入"5"，然后选取图2-6所示的直线和圆，单击"等距实体"属性管理器中的 ✓ 按钮。同理，在"参数"选项组的"等距距离"选项中输入"5"，勾选"反向"，然后选取图2-7所示的直线，单击"等距实体"属性管理器中的 ✓ 按钮。

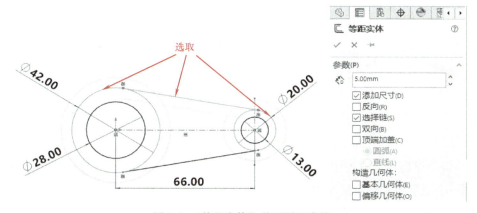

图2-6 "等距实体"偏置圆和直线

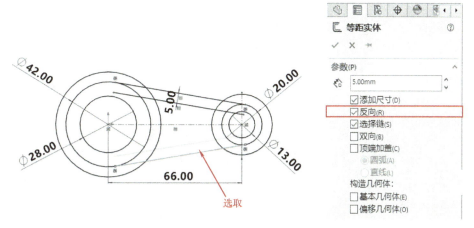

图2-7 "等距实体"偏置直线

7）单击"草图"工具栏中的"裁剪实体"按钮 ，系统弹出"裁剪"属性管理器，在"选项"选项组中单击"强劲裁剪"按钮 ，然后在绘图区选取需要删除的线条，结果如图2-8所示。

8）单击"草图"工具栏中的

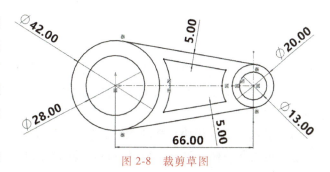

图2-8 裁剪草图

"绘制圆角"按钮 ，系统弹出"绘制圆角"属性管理器，选取图2-9所示的圆弧和直线，在"圆角参数"选项组的"圆角半径"选项中输入"4",单击"绘制圆角"属性管理器中的✓按钮。同理，创建圆角R2，此处不再阐述。

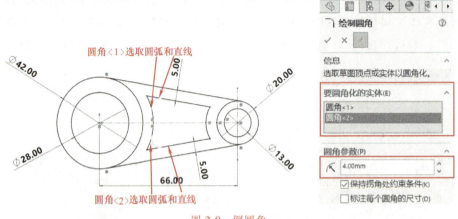

图2-9 倒圆角

9）单击"草图"工具栏中的"边角矩形"按钮 ，系统弹出"边角矩形"属性管理器，绘制一个矩形，并添加尺寸约束，裁剪掉多余的线条，单击"边角矩形"属性管理器中的✓按钮，结果如图2-10所示。

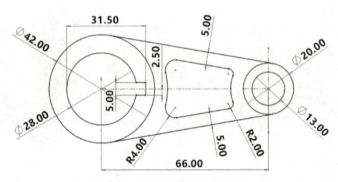

图2-10 连杆零件图绘制结果

技巧点拨：在绘制草图时，退出命令：按<Esc>键；重复上一个命令：按<Enter>键；撤销：按<Ctrl+Z>键。

【知识链接】

1. 绘制直线

（1）直线 单击"草图"工具栏中的"直线"按钮 ，或选择"工具"→"草图绘制实体"→"直线"菜单命令，系统弹出图2-11所示的"插入线条"属性管理器，下面具体介绍各项参数设置。

1）"方向"选项组中各选项含义如下。

①"按绘制原样"选项：以光标指定的两点绘制直线，如图2-12所示。

② "水平"选项：以指定的长度在水平方向绘制直线。
③ "竖直"选项：以指定的长度在竖直方向绘制直线。
④ "角度"选项：以指定的角度和长度绘制直线。

除"按绘制原样"选项外，其他3个选项在"插入线条"属性管理器中还显示"现有几何关系""添加几何关系""选项""参数"及"额外参数"选项组，如图2-13所示。

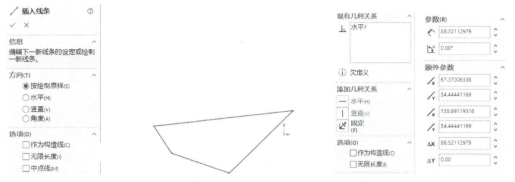

图2-11 直线"插入线条" 　　图2-12 绘制直线 　　图2-13 其他选项组
　　　属性管理器

2) "选项"选项组中各选项含义如下。
① "作为构造线"选项：绘制的直线为构造线。
② "无限长度"选项：绘制无限长度的直线。
③ "中点线"选项：绘制直线时从中心开始，向两侧延伸。
3) "现有几何关系"选项组：绘制的直线与当前草图轮廓中直线的几何关系。
4) "添加几何关系"选项组：绘制的直线添加与当前草图轮廓中直线的几何关系，如水平、竖直等。
5) "参数"选项组中各选项含义如下。
① "长度"：设置一个数值作为直线的长度。
② "角度"：设置一个数值作为直线的角度。
6) "额外参数"选项组中各选项含义如下。
① "开始 X 坐标"：开始点的 X 坐标值。
② "开始 Y 坐标"：开始点的 Y 坐标值。
③ "结束 X 坐标"：结束点的 X 坐标值。
④ "结束 Y 坐标"：结束点的 Y 坐标值。
⑤ "Delta X"：开始点和结束点 X 坐标之间的偏移值。
⑥ "Delta Y"：开始点和结束点 Y 坐标之间的偏移值。

(2) 中心线　单击"草图"工具栏中的"中心线"按钮，或选择"工具"→"草图绘制实体"→"中心线"菜单命令，系统弹出图2-14所示的"插入线条"属性管理器。与直线"插入线条"属性管理器相比较，只是在"选项"选项组中勾选了"作为构造线"复选框作为默认选项，其他各参数设置都相同。绘制中心线如图2-15所示。

图 2-14 中心线"插入线条"属性管理器

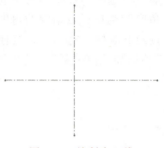

图 2-15 绘制中心线

（3）中点线 单击"草图"工具栏中的"中点线"按钮 ，或选择"工具"→"草图绘制实体"→"中点线"菜单命令，系统弹出图 2-16 所示的"插入线条"属性管理器。与直线"插入线条"属性管理器相比较，只是在"选项"选项组中勾选了"中点线"复选框作为默认选项，其他各参数设置都相同。绘制中点线如图 2-17 所示。

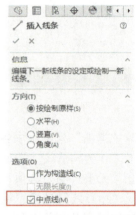

技巧点拨：①绘制直线时，单击起点后按住鼠标左键不放，移动光标到终点放开，此时绘制的直线为一段，而不是连续的。②绘制直线时，单击起点后，移动光标到终点单击，如果要接着绘制圆弧，那么将光标移动到直线终点处碰一下终点，再移动光标系统启动圆弧命令。直线切换圆弧绘制如图 2-18 所示。

图 2-16 中点线"插入线条"属性管理器

图 2-17 绘制中点线

图 2-18 直线切换圆弧绘制

2. 绘制圆

单击"草图"工具栏中的"圆"按钮 ⊙ 或"周边圆"按钮 ⊙，也可以选择"工具"→"草图绘制实体"→"圆"或"周边圆"菜单命令，系统弹出图 2-19 所示的"圆"属性管理器，下面具体介绍各项参数设置。

1）"圆类型"选项组各选项含义如下。

① "圆" ⊙：通过圆心和圆上的一个点绘制圆，如图 2-20 所示。

② "周边圆" ⊙：通过圆上三个点绘制圆，如图 2-21 所示。

2）"选项"选项组中勾选"作为构造线"复选框，绘制

图 2-19 "圆"属性管理器

的圆为构造线，如图 2-22 所示。

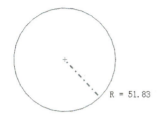
图 2-20　圆心和半径绘制圆

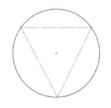
图 2-21　三点绘制圆

图 2-22　构造线圆

3）"现有几何关系"选项组：显示现有的几何关系以及所选草图实体的状态信息。

4）"添加几何关系"选项组：可将新的几何关系添加到所选的草图实体圆中。

5）"参数"选项组各选项含义如下。

① "X 坐标置中"：设置圆心 X 坐标值。

② "Y 坐标置中"：设置圆心 Y 坐标值。

③ "半径"：设置圆的半径值。

3. 绘制圆弧

单击"草图"工具栏中的"圆心/起/终点画弧"按钮或"切线弧"按钮或"3 点圆弧"按钮，也可以选择"工具"→"草图绘制实体"→"圆心/起/终点画弧"或"切线弧"或"3 点圆弧"菜单命令，系统弹出图 2-23 所示的"圆弧"属性管理器，下面具体介绍各项参数设置。

1）"圆弧类型"选项组各选项含义如下。

① "圆心/起/终点画弧"：通过圆心/起/终点画弧方式绘制圆弧，如图 2-24 所示。

图 2-23　"圆弧"属性管理器

② "切线弧"：通过切线方式绘制圆弧，如图 2-25 所示。

③ "3 点圆弧"：通过 3 点方式绘制圆弧，如图 2-26 所示。

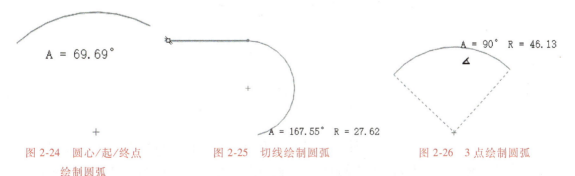

图 2-24　圆心/起/终点绘制圆弧　　　图 2-25　切线绘制圆弧　　　图 2-26　3 点绘制圆弧

2）"现有几何关系"选项组：显示现有的几何关系以及所选草图实体的状态信息。

3）"添加几何关系"选项组：可将新的几何关系添加到所选的草图实体圆弧中。

4）"选项"选项组中勾选"作为构造线"复选框，绘制的圆弧为构造线。

5)"参数"选项组各选项含义如下。

① "X 坐标置中"：设置圆心 X 坐标值。

② "Y 坐标置中"：设置圆心 Y 坐标值。

③ "开始 X 坐标"：设置圆弧起点 X 坐标值。

④ "开始 Y 坐标"：设置圆弧起点 Y 坐标值。

⑤ "结束 X 坐标"：设置圆弧终点 X 坐标值。

⑥ "结束 Y 坐标"：设置圆弧终点 Y 坐标值。

⑦ "半径"：设置圆弧的半径值。

⑧ "角度"：设置圆弧的角度。

4. 绘制矩形

单击"草图"工具栏中的"边角矩形"按钮或"中心矩形"按钮或"3点边角矩形"按钮或"3点中心矩形"按钮或"平行四边形"按钮，也可以选择"工具"→"草图绘制实体"→"边角矩形"或"中心矩形"或"3点边角矩形"或"3点中心矩形"或"平行四边形"菜单命令，系统弹出图 2-27 所示的"矩形"属性管理器，下面具体介绍各项参数设置。

图 2-27 "矩形"属性管理器

1)"矩形类型"选项组各选项含义如下。

① "边角矩形"：绘制标准矩形，如图 2-28 所示。

② "中心矩形"：绘制包括中心点的矩形。此时将自动勾选"添加构造性直线"复选框，可以选择"从边角"绘制矩形，如图 2-29 所示；或选择"从中心点"绘制矩形，如图 2-30 所示。

③ "3 点边角矩形"：绘制任意角度的矩形，如图 2-31 所示。

  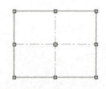 

图 2-28 绘制边角矩形　　图 2-29 从边角绘制中心矩形　　图 2-30 从中心点绘制中心矩形　　图 2-31 绘制 3 点边角矩形

④ "3 点中心矩形"：绘制任意角度的带有中心点的矩形。此时将自动勾选"添加构造性直线"复选框，可以选择"从边角"绘制矩形；或选择"从中心点"绘制矩形，其操作方法和"中心矩形"相同，此处不再阐述。

⑤ "平行四边形"：绘制标准或任意角度的平行四边形，如图 2-32 所示。

2)"现有几何关系"选项组各选项含义如下。

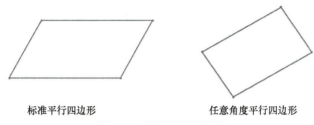

图 2-32 绘制平行四边形

（标准平行四边形　　任意角度平行四边形）

①"几何关系"：显示草图绘制过程中自动推理或使用添加几何关系命令手工生成的几何关系，当在列表中选择一个几何关系时，在图形区域中的标注被高亮显示。

②"Static"：显示草图实体的状态，如欠定义、完全定义等。

3）"添加几何关系"选项组：可将新的几何关系添加到所选的草图实体矩形中。

4）"选项"选项组：勾选"作为构造线"复选框，绘制的矩形为构造线。

5）"参数"选项组："X"和"Y"坐标组，用于设置矩形的 4 个点的坐标值。

5. 绘制槽口

单击"草图"工具栏中的"直槽口"按钮 或"中心点直槽口"按钮 或"三点圆弧槽口"按钮 或"中心点圆弧槽口"按钮，也可以选择"工具"→"草图绘制实体"→"直槽口"或"中心点直槽口"或"三点圆弧槽口"或"中心点圆弧槽口"菜单命令，系统弹出图 2-33 所示的"槽口"属性管理器，下面具体介绍各项参数设置。

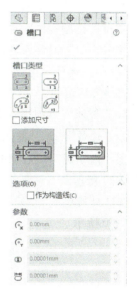

图 2-33 "槽口"属性管理器

1）"槽口类型"选项组各选项含义如下。

①"直槽口"：以两个端点为参照，绘制直槽口，如图 2-34 所示。

②"中心点直槽口"：以中心点为参照，绘制中心点直槽口，如图 2-35 所示。

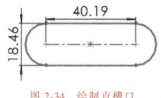

图 2-34 绘制直槽口

图 2-35 绘制中心点直槽口

③"三点圆弧槽口"：在圆弧上以 3 个点为参照，绘制三点圆弧槽口，如图 2-36 所示。

④"中心点圆弧槽口"：以圆弧的中心点和两个端点为参照，绘制中心点圆弧槽口，如图 2-37 所示。

图 2-36　绘制三点圆弧槽口　　　　图 2-37　绘制中心点圆弧槽口

2）其他选项组和参数可以参考前面介绍的方法进行设置，此处不再阐述。

6. 绘制多边形

单击"草图"工具栏中的"多边形"按钮，或选择"工具"→"草图绘制实体"→"多边形"菜单命令，系统弹出图 2-38 所示的"多边形"属性管理器，下面具体介绍各项参数设置。

1）在"选项"选项组中勾选"作为构造线"复选框，绘制的多边形为构造线。

2）"参数"选项组各选项含义如下。

①"边数"：输入要绘制多边形的边数，至少三边。

②"内切圆"：以内切圆方式绘制多边形，内切圆为构造线，如图 2-39 所示。

③"外接圆"：以外接圆方式绘制多边形，外接圆为构造线，如图 2-40 所示。

图 2-38　"多边形"属性管理器

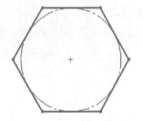 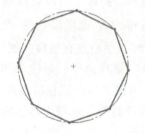

图 2-39　内切圆绘制多边形　　　　图 2-40　外接圆绘制多边形

④"X 坐标置中"：设置多边形中心 X 坐标值。

⑤"Y 坐标置中"：设置多边形中心 Y 坐标值。

⑥"圆直径"：设置内切圆或外接圆直径值。

⑦"角度"：设置多边形旋转的角度值。

⑧"新多边形"按钮：单击该按钮，可以继续绘制多边形。

7. 绘制椭圆

(1) 椭圆　单击"草图"工具栏中的"椭圆"按钮，或选择"工具"→"草图绘制实体"→"椭圆"菜单命令，在绘图区单击，确定椭圆中心位置，然后移动光标，在光标指针附近会显示椭圆的长半轴 R 和短半轴 r 此时的数值，在绘图区适当位置单击，确定椭圆的

长半轴 R 位置，继续向上（或向下）移动光标，在绘图区适当位置单击，确定椭圆的短半轴 r 位置，此时系统弹出图 2-41 所示的"椭圆"属性管理器，根据设计需要对"参数"选项组中的中心坐标、长半轴和短半轴的数值进行修改，并对其他选项进行设置，最后单击"椭圆"属性管理器中的"确定"按钮 ✓，完成椭圆的绘制。

（2）部分椭圆　部分椭圆操作方法与椭圆操作方法相似，此处不再阐述。绘制部分椭圆如图 2-42 所示。

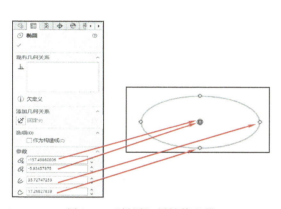

图 2-41　"椭圆"属性管理器

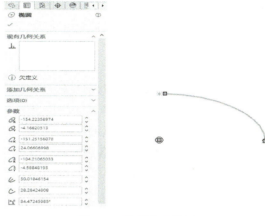

图 2-42　绘制部分椭圆

（3）抛物线　单击"草图"工具栏中的"抛物线"按钮 ∪，或选择"工具"→"草图绘制实体"→"抛物线"菜单命令，在绘图区单击，确定抛物线中心位置，系统弹出图 2-43 所示的"抛物线"属性管理器，然后移动光标，出现抛物线的大致形状，在光标指针附近会显示抛物线的长轴此时的数值，在绘图区适当位置单击，确定抛物线的长轴位置。此时抛物线的形状已经确定，继续向左（或向右）移动光标，在绘图区单击，确定抛物线的起点位置。再向右（或向左）移动光标，在绘图区单击，确定抛物线的终点位置，根据设计需要对各选项组进行设置，最后单击"抛物线"属性管理器中的"确定"按钮 ✓，完成抛物线的绘制。

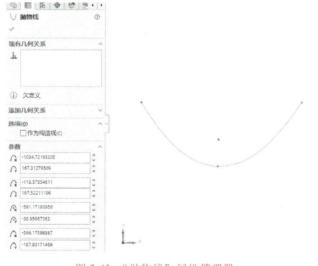

图 2-43　"抛物线"属性管理器

（4）圆锥　单击"草图"工具栏中的"圆锥"按钮 ∩，或选择"工具"→"草图绘制实体"→"圆锥"菜单命令，系统弹出图 2-44 所示的"圆锥"属性管理器。在绘图区单击，确定圆锥一个端点的位置，然后移动光标，在绘图区适当位置单击，确定圆锥另一个端点的位置，然后向上（或向下）移动光标，在绘图区单击，确定圆锥的顶点位置，根据设计需要对各选项组进行设置，最后单击"圆锥"属性管理器中的"确定"按钮 ✓，完成圆锥的绘制。

8. 绘制样条曲线

单击"草图"工具栏中的"样条曲线"按钮 N，或选择"工具"→"草图绘制实体"→"样条曲线"菜单命令，在绘图区单击，确定样条曲线起始点，此时系统弹出图 2-45 所示的"样条曲线"属性管理器，然后移动光标，在绘图区适当位置单击，确定样条曲线的第二点，重复移动光标，在绘图区适当位置单击，确定样条曲线的其他

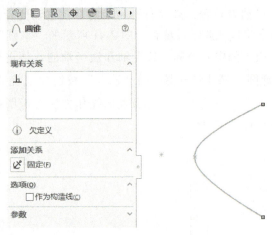

图 2-44 "圆锥"属性管理器

点，按<Esc>键退出样条曲线的绘制。此时可以对样条曲线进行编辑和修改，在"参数"选项组中可以实现样条曲线的各种参数的修改等。

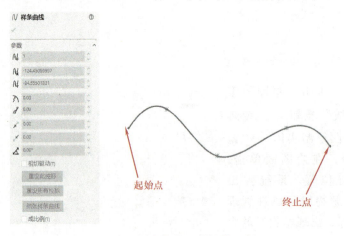

图 2-45 "样条曲线"属性管理器

9. 绘制点

单击"草图"工具栏中的"点"按钮 ▫，或选择"工具"→"草图绘制实体"→"点"菜单命令，在绘图区单击，确定点的位置后，系统弹出图 2-46 所示的"点"属性管理器，下面具体介绍各项参数设置。

1)"现有几何关系""欠定义""添加几何关系"选项组，前面已经介绍过，此处不再赘述。

2)"控制顶点参数"选项组各选项含义如下。

① "X 坐标"：输入点的 X 坐标值。

② "Y 坐标"：输入点的 Y 坐标值。

10. 绘制草图文字

单击"草图"工具栏中的"文字"按钮 A，或选择"工具"→"草图绘制实体"→"文

字"菜单命令,系统弹出图2-47所示的"草图文字"属性管理器,下面具体介绍各项参数设置。

图2-46 "点"属性管理器

图2-47 "草图文字"属性管理器

1)"曲线"选项组:选择边线、曲线、草图及草图段,所选实体的名称显示在曲线框中,绘制的草图文字将沿实体出现,如图2-48所示。

图2-48 绘制草图文字

2)"文字"选项组各选项含义如下。

① "文本框":在"文字"文本框中输入文字,文字在绘图区中沿所选实体出现。如果没有选取实体,文字在原点处水平出现。

② "样式":有4种样式。"链接到属性"按钮 ：将添加或编辑自定义属性;"加粗"按钮 ：将输入的文字加粗;"斜体"按钮 ：将输入的文字变为斜体;"旋转"按钮 ：将选择的文字按照设定的角度旋转。

③ "对齐":有4种样式。"左对齐"按钮 ：将输入文字左对齐;"居中"按钮 ：将输入文字居中;"右对齐"按钮 ：将输入文字右对齐;"两端对齐"按钮 ：将输入文字两端对齐。

④ "反转":有4种样式,即"竖直反转" 、"竖直反转" （返回）、"水平反转" 、"水平反转" （返回）。

⑤ "宽度因子" ：按指定的百分比均匀加宽每个字符。

⑥ "间距" ：按指定的百分比修改每个字符之间的距离。

⑦ "使用文档字体":勾选该复选框可以使用文档字体,取消勾选该复选框可以使用另一种字体。

⑧ "字体"按钮:根据实际情况可以设置字体样式、大小等。

11. 绘制圆角

单击"草图"工具栏中的"绘制圆角"按钮 ，或选择"工具"→"草图工具"→"圆角"菜单命令，系统弹出图 2-49 所示的"绘制圆角"属性管理器，下面具体介绍各项参数设置。

1）"要圆角化的实体"选项组：要圆角化的草图顶点或实体。

2）"圆角参数"选项组各选项含义如下。

① "圆角半径" ：设置绘制圆角的半径。

② "保持拐角处约束条件"：如果顶点具有尺寸或几何关系，勾选该复选框，将保留虚拟交点，如图 2-50 所示。如果取消勾选该复选框，且顶点具有尺寸或几何关系，系统会提示用户是否想在生成圆角时删除这些几何关系，如图 2-51 所示。

图 2-49 "绘制圆角"属性管理器

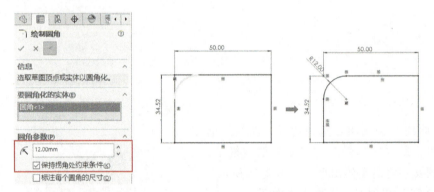

图 2-50 保持拐角处约束绘制圆角

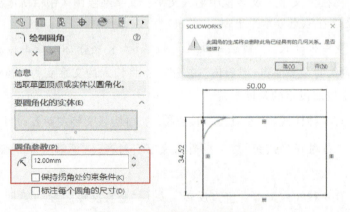

图 2-51 拐角处无约束绘制圆角

③ "标注每个圆角的尺寸"：勾选该复选框，每个圆角都标注尺寸，如图 2-52 所示。

技巧点拨：可以通过框选选取单个（或多个）草图顶点或实体，需要注意的是光标从左开始或从右开始框选都可以，如图 2-53 所示。

12. 绘制倒角

单击"草图"工具栏中的"绘制倒角"按钮 ，或选择"工具"→"草图工具"→"倒角"菜单命令，系统弹出图 2-54 所示的"绘制倒角"属性管理器，下面具体介绍各项参数设置。

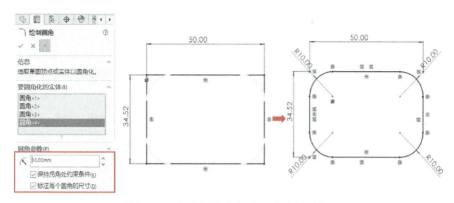

图 2-52 每个圆角都标注尺寸绘制圆角

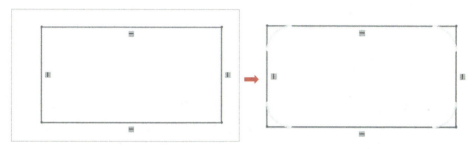

图 2-53 框选绘制圆角

1)"倒角参数"选项组各选项含义如下。

① "角度距离":以"角度距离"方式绘制倒角,如图 2-55 所示。

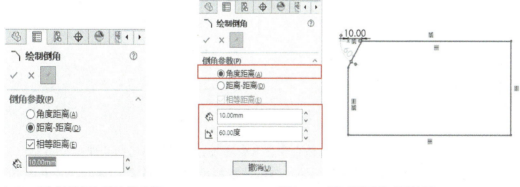

图 2-54 "绘制倒角"属性管理器　　　　图 2-55 "角度距离"绘制倒角

② "距离-距离":以"距离-距离"方式绘制倒角。可以设置不同距离的倒角,如图 2-56 所示。

③ "相等距离":只有当选择"距离-距离"选项时,该选项的复选框才会被激活,用于设置等距离的倒角,如图 2-57 所示。

2)"撤消"按钮:单击"撤消"按钮,取消上一步命令操作。

13. 标注尺寸

单击"草图"工具栏中的"智能尺寸"按钮，或选择"工具"→"尺寸"→"智能尺

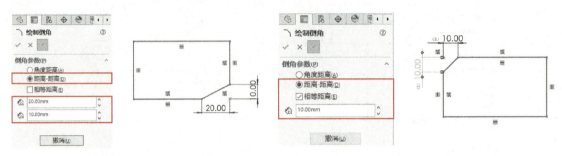

图 2-56 "距离-距离"绘制倒角　　　　　图 2-57 "相等距离"绘制倒角

寸"菜单命令，进行尺寸标注，按<Esc>键退出尺寸标注。

(1) 标注线性尺寸　线性尺寸包括竖直尺寸、水平尺寸和平行尺寸 3 种。

1) 竖直尺寸的标注：单击"智能尺寸"按钮 ，移动光标到需要标注尺寸的直线上，此时该直线变亮，单击选取该直线，然后移动光标竖直位置时，在适当位置单击，出现"修改"对话框，输入尺寸数值，单击"确定"按钮 ，如图 2-58 所示。还可以通过"竖直尺寸" 命令进行标注。

2) 水平尺寸和平行尺寸的标注：标注水平尺寸和平行尺寸时，只需要在选取直线后，移动光标到水平位置或与直线平行的位置，进行尺寸标注，如图 2-59 所示。水平尺寸也可通过"水平尺寸" 命令进行标注。

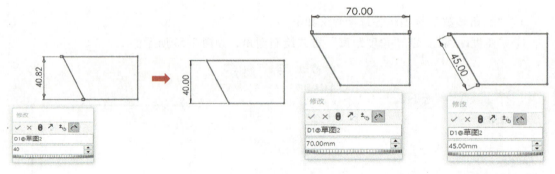

图 2-58 标注竖直尺寸　　　　　图 2-59 标注水平尺寸和平行尺寸

(2) 标注角度尺寸　角度尺寸包括直线与直线之间、直线与点之间 2 种。

1) 直线与直线之间角度尺寸的标注：单击"智能尺寸"按钮 ，移动光标依次选取需标注角度尺寸的两条直线，然后移动光标，将拖出角度尺寸，光标的位置不同，得到的标注角度也不同，如图 2-60a、b 所示。单击后出现"修改"对话框，输入角度数值，单击"确定"按钮 ，如图 2-60c 所示。

2) 直线与点之间角度尺寸的标注：标注直线与点之间的角度时，依次选取直线的两端点，再选取点，需要注意的是，选取直线端点的顺序不同，标注的角度尺寸不同，如图 2-61 所示。

(3) 标注圆弧尺寸　圆弧尺寸包括圆弧半径、圆弧弧长、圆弧对应的弦长以及圆弧角度。

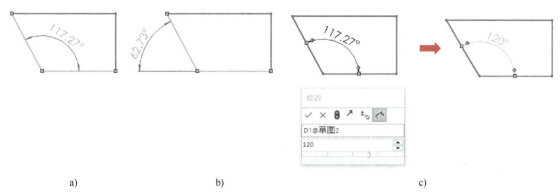

图 2-60　标注两直线之间的角度尺寸

1）圆弧半径的标注：单击选取圆弧，然后移动光标到合适位置单击鼠标左键，出现"修改"对话框，输入尺寸数值，单击"确定"按钮 ✓，如图 2-62 所示。

2）圆弧弧长的标注：单击依次选取圆弧的两端点，然后再选取圆弧，移动光标到合适位置单击，出现"修改"对话框，输入尺寸数值，单击"确定"按钮 ✓，如图 2-63 所示。

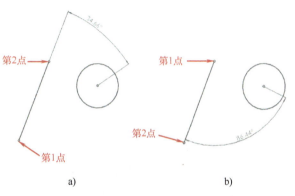

图 2-61　标注直线与点之间的角度尺寸

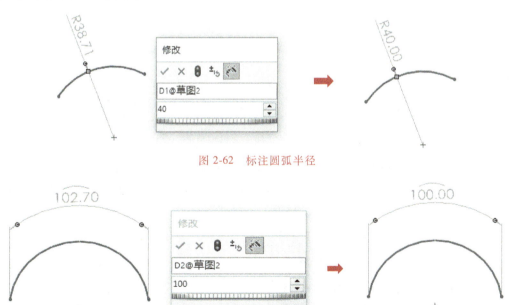

图 2-62　标注圆弧半径

图 2-63　标注圆弧弧长

3）圆弧对应的弦长的标注：单击依次选取圆弧的两端点，移动光标到合适位置单击，出现"修改"对话框，输入尺寸数值，单击"确定"按钮 ✓，如图 2-64 所示。

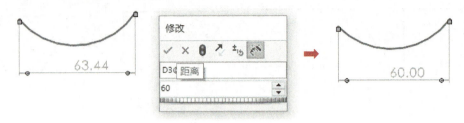

图 2-64 标注圆弧对应的弦长

4）圆弧角度的标注：单击依次选取圆弧的两端点，再选取圆弧的圆心，出现"修改"对话框，输入尺寸数值，单击"确定"按钮 ✓，如图 2-65 所示。

图 2-65 标注圆弧角度

（4）标注圆尺寸

1）标注圆直径：单击选取圆，然后移动光标到合适位置单击，出现"修改"对话框，输入尺寸数值，单击"确定"按钮 ✓。需要注意的是，移动光标的位置不同，将得到不同的标注形式，如图 2-66 所示。

图 2-66 标注圆直径

2）标注圆直径转半径或半径转直径：完成圆的尺寸标注，现在显示直径/半径的标注，选取标注的尺寸后单击，在弹出的命令框中选择"显示为半径"或"显示为直径"，如图 2-67 所示。

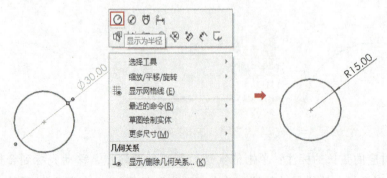

图 2-67 标注圆直径转半径

技巧点拨：按住<Shift>键选择两圆（或圆弧）的外（内）轮廓，标注两圆（或圆弧）的最大（最小）直径，如图 2-68 所示。

14. 几何关系

几何关系一般指对平行、垂直、共线、重合、相切等非数值方面的限制。几何关系的类型见表 2-1。

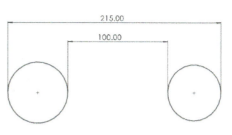

图 2-68　标注尺寸

表 2-1　几何关系的类型

几何关系类型	图标	说明	实例
水平	—	使所选线段或两点连线水平放置	
竖直	|	使所选线段或两点连线竖直放置	
固定	⚓	使所选草图实体的尺寸和位置保持固定	
相切	♂	使所选线段或圆弧与另一个圆弧保持相切	
重合	⼊	使所选点与线段、圆弧或椭圆重合	
共线	╱	使所选线段或点位于同一条无限长的直线上	
平行	∥	使所选线段相互平行	
垂直	⊥	使所选线段相互垂直	
相等	=	使所选线段长度或圆弧半径保持相等	
同心	◎	使所选圆或圆弧的圆心重合	
曲线长度相等	⌒	使所选直线、圆弧或圆的曲线长度相等	

(续)

几何关系类型	图标	说明	实例
全等	○	使所选圆弧或圆不但半径相等,并且同心	
中点	/	使所选点位于直线或圆弧的中点	
交叉点	✕	使所选点与线段的交叉点重合	
对称	⌀	使所选草图实体相对于所选中心线对称	
合并	∨	使所选两个点合并为一个点	

(1) 添加几何关系 单击"草图"工具栏中的"添加几何关系"按钮 ⊥,或选择"工具"→"关系"→"添加"菜单命令,系统弹出图 2-69 所示的"添加几何关系"属性管理器,下面具体介绍各选项组含义。

1)"所选实体"选项组:所选取的实体都会在"所选实体"列表框中显示,如发现选错或多选了实体,可以移除。

2)"现有几何关系"选项组:添加的几何关系类型会显示在"现有几何关系"列表框中,如要删除几何关系,可以单击鼠标右键选择"删除"即可。

3)"添加几何关系"选项组:根据实际情况选择要添加的几何关系类型。

图 2-69 "添加几何关系"属性管理器

技巧点拨: 添加几何关系时,单击选取直线,自动弹出命令框,可以选择水平、竖直、固定等几何关系,单击对应的几何关系图标即可。约束直线竖直如图 2-70 所示。如果直线与圆弧相切,直接单击"相切"图标即可,如图 2-71 所示。

图 2-70 约束直线竖直　　　　　　图 2-71 约束直线与圆弧相切

(2) 自动添加几何关系 指在绘图过程中，系统会根据几何元素之间的相对位置关系，自动赋予几何意义。

选择"工具"→"选项"菜单命令，系统弹出"系统选项"对话框，选择"几何关系/捕捉"选项，勾选"自动几何关系"复选框，如图2-72所示，系统就处于自动添加几何关系的状态，绘图时光标提示的几何关系自动添加到所绘曲线。

技巧点拨：绘制草图时，按住<Ctrl>键可以临时关闭自动添加几何关系。

(3) 显示/删除几何关系 单击"草图"工具栏中的"显示/删除几何关系"按钮 ⊥₀，或选择"工具"→"关系"→"显示/删除"菜单命令，系统弹出"显示/删除几何关系"属性管理器，若草图中没有实体被选中，则"过滤器"中显示草图中所有的几何关系，如图2-73所示。若选择需显示或删除几何关系的实体，则在"现有几何关系"列表中会显示该实体的所有几何关系，单击各几何关系，图形区将亮显对应关系的实体，如需删除几何关系，在"现有几何关系"列表中选取相应的几何关系，然后单击"删除"按钮。

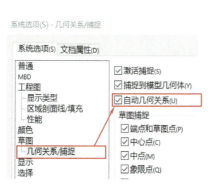

图2-72 "系统选项"对话框

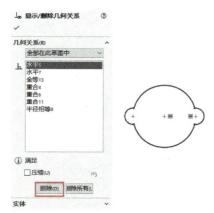

图2-73 "显示/删除几何关系"属性管理器

任务2.2 支架草图的设计

【知识目标】

通过本任务的学习，熟练掌握中心线、直线、圆、圆弧、圆角、几何关系、智能尺寸、等距实体、镜像实体、裁剪实体等命令的应用与操作方法。

【技能目标】

能运用草图命令绘制支架零件轮廓的二维草图。

【素质目标】

培养爱岗敬业、遵纪守法的职业素养；培养互帮互助、团队协作的优良品质；培养一丝不苟、精益求精的工匠精神。

【任务布置】

根据已知支架零件图样，精确地完成其轮廓的二维草图设计，如图2-74所示。

【任务实施】

1）新建文件。启动 SolidWorks 2022 软件，单击工具栏中的"新建"按钮，系统弹出"新建 SolidWorks 文件"对话框，在"模板"选项卡中选择"零件"选项，单击"确定"按钮。

2）在模型树上选择"前视基准面"，单击"草图"工具栏中的"草图绘制"按钮，或者单击鼠标右键，在弹出的快捷菜单中选择"草图绘制"命令，如图 2-2 所示，进入草图绘制环境，开始绘制零件草图。

3）单击"草图"工具栏中的"中心线"按钮，在绘图区绘制中心线，如图 2-75 所示。

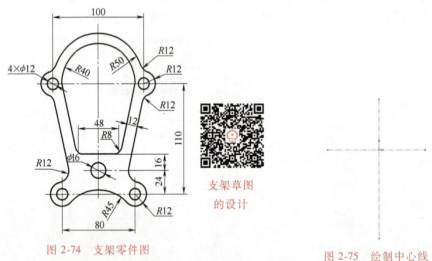

图 2-74　支架零件图　　　　　　　图 2-75　绘制中心线

4）单击"草图"工具栏中的"圆"按钮，系统弹出"圆"属性管理器，在"圆类型"选项中选择"圆"，然后绘制 3 个圆，并添加几何关系使两小圆等半径。其次，单击"草图"工具栏中的"智能尺寸"按钮，选择最大圆轮廓，在弹出的"修改"对话框中修改尺寸数值为"100"，单击"修改"对话框中的✓按钮，同理，标注小圆直径为"24"，单击"修改"对话框中的✓按钮。最后，通过"裁剪实体"命令，裁剪多余的线条，结果如图 2-76 所示。

5）同理，通过"圆"命令绘制 1 个 $\phi24mm$ 的圆，并标注尺寸。然后单击"草图"工具栏中的"镜像实体"按钮，系统弹出"镜像"属性管理器，"要镜像的实体"选取 $\phi24mm$ 的圆，"镜像轴"选取竖直中心线，单击"镜像"属性管理器中的✓按钮，结果如图 2-77 所示。

6）单击"草图"工具栏中的"3 点圆弧"按钮，绘制一段与 $\phi24mm$ 两圆相切，同时圆心在竖直中心线上的圆弧，并添加几何关系和尺寸标注，如图 2-78 所示。

7）同理，通过"圆"命令创建 1 个 $\phi80mm$ 的圆，并与 $\phi100mm$ 圆约束同心，如图 2-79 所示。

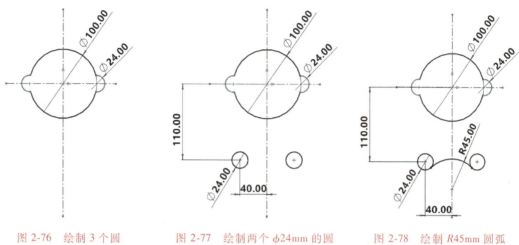

图 2-76　绘制 3 个圆　　　图 2-77　绘制两个 φ24mm 的圆　　　图 2-78　绘制 R45mm 圆弧

8）通过"直线"命令绘制轮廓曲线，并倒圆角和标注尺寸，结果如图 2-80 所示。

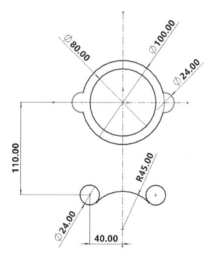
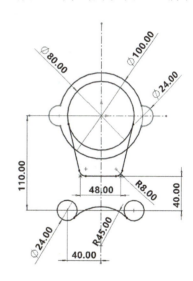

图 2-79　绘制 φ80mm 圆　　　　　　　图 2-80　绘制轮廓曲线（一）

9）单击"草图"工具栏中的"等距实体"按钮 ，系统弹出"等距实体"属性管理器，在"参数"选项组的"等距距离"选项中输入"12"，然后选取图 2-81 所示的直线 1，勾选"反向"，单击"等距实体"属性管理器中的 ✓ 按钮。同理，在"参数"选项组的"等距距离"选项中输入"12"，然后选取图 2-81 所示的直线 2，单击"等距实体"属性管理器中的 ✓ 按钮。

10）通过"圆弧"命令，创建两个 R12mm 圆弧，并添加几何关系和尺寸标注，再通过"绘制圆角"命令，创建 4 个 R12mm 圆角，最后通过"裁剪实体"命令，裁剪多余的轮廓线，结果如图 2-82 所示。

11）通过"圆"命令，创建 4 个 φ12mm 的圆和 1 个 φ16mm 的圆，并添加几何关系和尺寸标注，结果如图 2-83 所示。

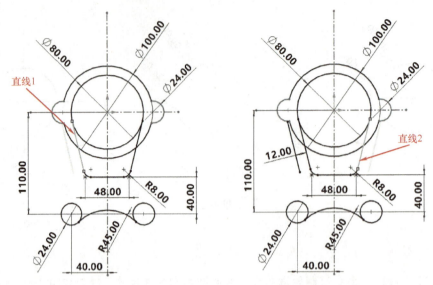

图 2-81 "等距实体"偏置直线

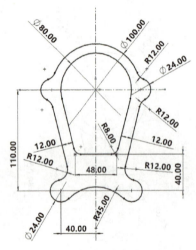

图 2-82 绘制轮廓曲线（二）

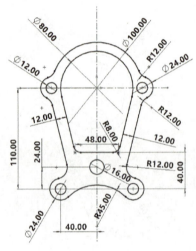

图 2-83 支架零件图绘制结果

【知识链接】

1. 裁剪实体

选择"工具"→"草图工具"→"裁剪"菜单命令或单击"草图"工具栏中的"裁剪实体"按钮 ，系统弹出图 2-84 所示的"剪裁"属性管理器，下面具体介绍各项参数设置。

1）"信息"选项组：选择两个边界实体或一个面，然后选择要裁剪的实体。此选项用于移除边界内的实体部分。裁剪操作的提示信息，用于选择要裁剪的实体。

2）"选项"选项组各选项含义如下。

① "强劲剪裁" ：按住鼠标左键不放，移动光标，会

图 2-84 "剪裁"属性管理器

出现黑色的曲线，只要曲线碰到的线条会自动删除到相邻边界点，如图 2-85 所示。

② "边角" ：用鼠标左键选取的边角线段为保留部分，如图 2-86 所示。

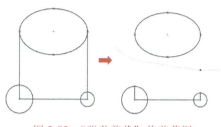

图 2-85 "强劲剪裁"修剪草图

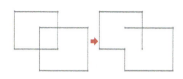

图 2-86 "边角"修剪草图

③ "在内剪除" ：选取两个边界，然后框选要修剪的对象，实现边界内全部修剪，如图 2-87 所示。

④ "在外剪除" ：选取两个边界，然后框选要修剪的对象，实现边界外全部修剪，如图 2-88 所示。

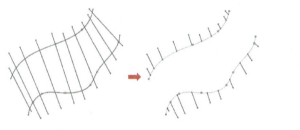

图 2-87 "在内剪除"修剪草图

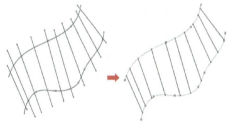

图 2-88 "在外剪除"修剪草图

⑤ "剪裁到最近端" ：激活该命令，光标旁边会出现一把剪刀，单击的线段将被修剪掉。

技巧点拨：① "强劲剪裁" ：把光标放到线段上，按住鼠标左键不放，移动光标可以实现线段的延伸。同理，按同样的操作方法也可以实现缩短线段，如图 2-89 所示。

② "边角" ：如两线段没有相交，可以选取两线段实现相交，如图 2-90 所示。

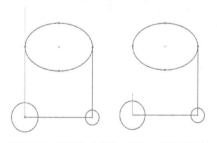

图 2-89 "强劲剪裁"延伸、缩短线段

图 2-90 "边角"延伸线段

2. 延伸实体

选择 "工具" → "草图工具" → "延伸" 菜单命令或单击 "草图" 工具栏中的 "延伸实体" 按钮 ，开始执行延伸操作，单击要延伸的直线，将其延伸至邻近直线，如图 2-91 所示。

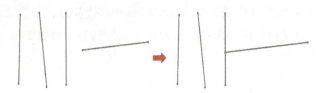

图 2-91 延伸直线

3. 等距实体

选择"工具"→"草图工具"→"等距实体"菜单命令或单击"草图"工具栏中的"等距实体"按钮 ，系统弹出图 2-92 所示的"等距实体"属性管理器，下面具体介绍"参数"选项组中各选项的含义。

① "等距距离"：设定等距距离的数值。

② "添加尺寸"：为等距的草图添加等距距离的尺寸标注，如图 2-93 所示。

③ "反向"：改变等距实体的方向。

④ "选择链"：生成所有连续草图实体的等距。

⑤ "双向"：同时向两个方向生成等距实体，如图 2-94 所示。

图 2-92 "等距实体"属性管理器

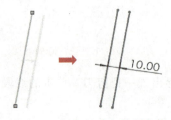

图 2-93 "添加尺寸"等距实体

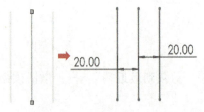

图 2-94 "双向"等距实体

⑥ "顶端加盖"：等距实体与原草图实体可以通过"圆弧"或"直线"连接起来，如图 2-95 所示。

⑦ "构造几何体"：如勾选"基本几何体"，生成等距实体后原草图实体变为构造线；如勾选"偏移几何体"，生成的等距实体为构造线，如图 2-96 所示。

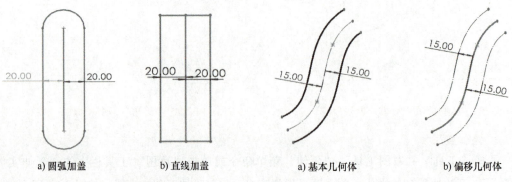

a) 圆弧加盖　　　b) 直线加盖　　　　a) 基本几何体　　　b) 偏移几何体

图 2-95　顶端加盖　　　　　　图 2-96　构造几何体

4. 镜像实体

选择"工具"→"草图工具"→"镜像"菜单命令或单击"草图"工具栏中的"镜像实体"按钮 ，系统弹出图 2-97 所示的"镜像"属性管理器，下面具体介绍各项参数含义。

1)"信息"选项组：选择要镜像的实体及镜像所绕的线条、线性模型边线等。镜像操作的提示信息：是否复制原镜像实体。

2)"选项"选项组各选项含义如下。

① "要镜像的实体"：选择要镜像的草图实体。

② "复制"：勾选该复选框，镜像后保留原草图实体，如图 2-98 所示。

③ "镜像轴"：选取边线或直线作为镜像轴。

图 2-97 "镜像"属性管理器

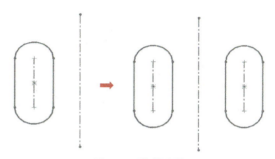

图 2-98 镜像实体

5. 线性草图阵列

选择"工具"→"草图工具"→"线性阵列"菜单命令或单击"草图"工具栏中的"线性草图阵列"按钮 ，系统弹出图 2-99 所示的"线性阵列"属性管理器，下面具体介绍各项参数含义。

1)"方向 1"选项组各选项含义如下。

① "反向"：单击以反方向进行线性阵列。

② "间距"：设置阵列草图实体相邻之间的距离。单击尺寸标注可以修改阵列草图实体之间的距离。

③ "标注 X 间距"：勾选该复选框，系统自动添加 X 方向尺寸标注，如图 2-100 所示。

④ "实例数"：设置阵列草图实体的数量。

⑤ "显示实例记数"：显示阵列草图实体个数。单击记数可以修改阵列数量，如图 2-101 所示。

⑥ "角度"：设置阵列草图实体与 X 轴的角度。

⑦ "固定 X 轴方向"：阵列草图实体始终沿 X 轴方向。

2)"方向 2"选项组各选项含义如下。

① "在轴之间标注角度"：勾选该复选框，系统将自动标注方向 1 与方向 2 之间的角度，如图 2-102 所示。

图 2-99 "线性阵列"属性管理器

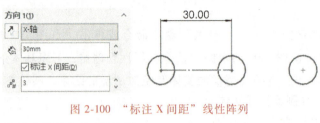

图 2-100 "标注 X 间距"线性阵列

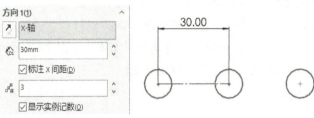

图 2-101 "显示实例记数"线性阵列

② 其余选项与"方向 1"设置相同，此处不再阐述。

3) "要阵列的实体"：选取要阵列的草图实体。

4) "可跳过的实例"：可生成部分不需要草图实体的线性阵列，如图 2-103 所示。

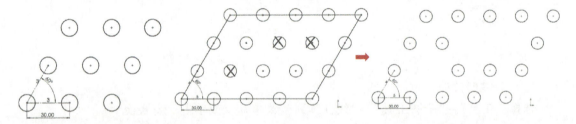

图 2-102 "在轴之间标注角度"线性阵列　　图 2-103 "可跳过的实例"线性阵列

6. 圆周草图阵列

选择"工具"→"草图工具"→"圆周阵列"菜单命令或单击"草图"工具栏中的"圆周草图阵列"按钮，系统弹出图 2-104 所示的"圆周阵列"属性管理器，下面具体介绍各项参数含义。

1) "参数"选项组各选项含义如下。

① "反向"：单击以反方向进行圆周阵列。

② "中心点 X"：设置阵列中心点 X 坐标值。

③ "中心点 Y"：设置阵列中心点 Y 坐标值。

④ "间距"：设置圆周阵列包括的总角度。

⑤ "等间距"：勾选该复选框，设置以相等间距阵列草图实体，如图 2-105 所示。

⑥ "标注半径"：勾选该复选框，标注圆周阵列中心

图 2-104 "圆周阵列"属性管理器

圆的半径，如图2-106所示。

图2-105 "等间距"圆周阵列

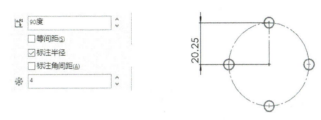

图2-106 "标注半径"圆周阵列

⑦ "标注角间距"：勾选该复选框，设置圆周阵列相邻草图实体之间的夹角，如图2-107所示。

 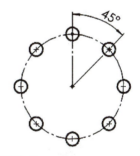

图2-107 "标注角间距"圆周阵列

⑧ "半径"：设置圆周阵列中心圆的半径。

⑨ "圆弧角度"：设置要阵列草图实体中心与阵列中心点之间的夹角。

2) 其余选项设置与线性阵列设置相同，此处不再阐述。

7. 转换实体引用

选择"工具"→"草图工具"→"转换实体引用"菜单命令或单击"草图"工具栏中的"转换实体引用"按钮，系统弹出图2-108所示的"转换实体引用"属性管理器，下面具体介绍各项参数设置。

① "要转换的实体"：选择要转换的草图实体。

② "选择链"：勾选该复选框，选取草图实体边线。

图2-108 "转换实体引用"
属性管理器

技能拓展训练题

【拓展任务】

在 SolidWorks 中创建图 2-109 和图 2-110 所示的零件二维草图。

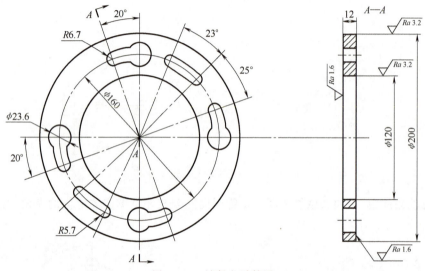

图 2-109　锁紧盘零件图

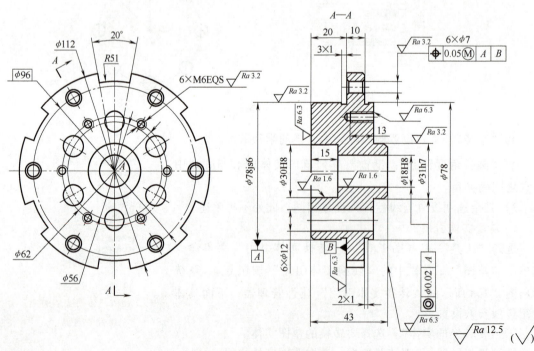

图 2-110　联接盘零件图

项目2 二维草图的设计

【任务评价】

任务评价单

专业：_____ 班级：_____ 姓名：_____ 组别：_____

评价内容	评价标准	评价分值	自我评价（50%）	小组互评（20%）	教师评价（30%）
识图能力	正确读懂图样	30 分			
知识点应用情况	关键知识点内化	20 分			
操作熟练程度	绘图快速、准确	15 分			
小组协作精神	相互交流、讨论，确定设计思路	10 分			
课堂纪律	认真思考、刻苦钻研	10 分			
学习主动性	学习意识增强、精益求精、敢于创新	15 分			
	小计	100 分			
	总评				

小组组长签字：_____ 任课教师签字：_____

项目3

盘类零件的设计

盘类零件是机械加工中常见的典型零件之一，应用范围很广，在机械设备中主要起支承和连接作用。不同的盘类零件具有很多的相同点，如主要表面基本上都是圆柱形的，都有较高的尺寸精度、形状精度和表面质量要求，而且有较高的同轴度要求等。盘类零件主要是在车床上加工，部分表面需要在磨床上加工。本项目主要介绍法兰盘和调节盘零件三维造型设计的一般方法与应用技巧。

任务3.1　法兰盘的设计

【知识目标】

通过本任务的学习，使读者能熟练掌握拉伸凸台/基体、拉伸切除、倒角等命令的应用与操作方法。

【技能目标】

能运用特征建模命令完成法兰盘零件的三维造型设计。

【素质目标】

培养爱岗敬业、遵纪守法的职业素养；培养互帮互助、团队协作的优良品质；培养一丝不苟、精益求精的工匠精神。

【任务布置】

根据已知法兰盘零件图样，精确地完成其三维造型设计，如图 3-1 所示。

法兰盘
的设计

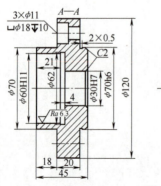
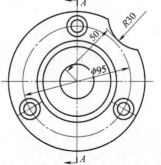

图 3-1　法兰盘零件图

项目3 盘类零件的设计

【任务实施】

1）新建文件。启动 SolidWorks 2022 软件，单击工具栏中的"新建"按钮 ，系统弹出"新建 SolidWorks 文件"对话框，在"模板"选项卡中选择"零件"选项，单击"确定"按钮。

2）在模型树上选择"上视基准面"，单击"草图绘制"按钮，进入草图绘制环境，绘制图 3-2 所示的草图，单击　按钮，退出草图环境。

3）单击"特征"工具栏中的"拉伸凸台/基体"按钮，系统弹出"凸台-拉伸"属性管理器，在"终止条件"下拉列表中选择"给定深度"选项，在"深度"文本框内输入"20"，单击"确定"按钮　，结果如图 3-3 所示。

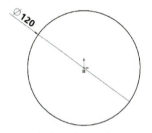

图 3-2　绘制 φ120mm 圆

图 3-3　创建 φ120mm 圆柱

4）单击"特征"工具栏中的"拉伸凸台/基体"按钮，系统弹出"凸台-拉伸"属性管理器，在绘图区选择步骤3）创建模型的上表面，进入草图环境，绘制图 3-4 所示的草图，单击　按钮，退出草图环境，系统返回到"凸台-拉伸"属性管理器。在"从"下拉列表中选择"草图基准面"选项，在"终止条件"下拉列表中选择"给定深度"选项，在"深度"文本框内输入"18"，单击"确定"按钮　，结果如图 3-5 所示。

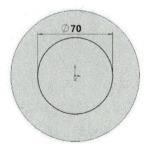

图 3-4　绘制 φ70mm 圆

图 3-5　创建 φ70mm 圆柱

5）单击"特征"工具栏中的"拉伸凸台/基体"按钮，系统弹出"凸台-拉伸"属性管理器，在绘图区选择步骤3）创建模型的下表面，进入草图环境，绘制图 3-6 所示的草图，单击　按钮，退出草图环境，系统返回到"凸台-拉伸"属性管理器。在"从"下拉列表中选择"草图基准面"选项，在"终止条件"下拉列表中选择"给定深度"选项，在"深度"文本框内输入"2"，单击"确定"按钮　，结果如图 3-7 所示。

47

图3-6 绘制φ69mm 圆

图3-7 创建φ69mm 圆柱

6）单击"特征"工具栏中的"拉伸凸台/基体"按钮，系统弹出"凸台-拉伸"属性管理器，在绘图区选择步骤5）创建模型的上表面，进入草图环境，绘制图3-8所示的草图，单击   按钮，退出草图环境，系统返回到"凸台-拉伸"属性管理器。在"从"下拉列表中选择"草图基准面"选项，在"终止条件"下拉列表中选择"给定深度"选项，在"深度"文本框内输入"5"，单击"确定"按钮   ，结果如图3-9所示。

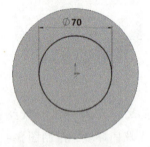

图3-8 绘制φ70mm 圆

图3-9 创建φ70mm 圆柱

7）单击"特征"工具栏中的"拉伸切除"按钮，系统弹出"切除-拉伸"属性管理器，在绘图区选择步骤4）创建模型的上表面，进入草图环境，绘制图3-10所示的草图，单击   按钮，退出草图环境，系统返回到"切除-拉伸"属性管理器。在"终止条件"下拉列表中选择"给定深度"选项，在"深度"文本框内输入"21"，单击"确定"按钮   ，结果如图3-11所示。

8）单击"特征"工具栏中的"拉伸切除"按钮，系统弹出"切除-拉伸"属性管理器，在绘图区选择步骤7）创建模型的上表面，进入草图环境，绘制图3-12所示的草图，单击   按钮，退出草图环境，系统返回到"切除-拉伸"属性管理器。在"终止条件"下拉列表中选择"给定深度"选项，在"深度"文本框内输入"4"，单击"确定"按钮   ，结果如图3-13所示。

9）单击"特征"工具栏中的"拉伸切除"按钮，系统弹出"切除-拉伸"属性管理器，在绘图区选择步骤8）创建模型的上表面，进入草图环境，绘制图3-14所示的草图，单击   按钮，退出草图环境，系统返回到"切除-拉伸"属性管理器。在"终止条件"下拉列表中选择"完全贯穿"选项，单击"确定"按钮   ，结果如图3-15所示。

项目3 盘类零件的设计

图3-10 绘制 φ60mm 圆

图3-11 创建 φ60mm 孔

图3-12 绘制 φ62mm 圆

图3-13 创建 φ62mm 孔

图3-14 绘制 φ30mm 圆

图3-15 创建 φ30mm 通孔

10)单击"特征"工具栏中的"拉伸切除"按钮，系统弹出"切除-拉伸"属性管理器，在绘图区选择步骤3)创建模型的上表面，进入草图环境，绘制图3-16所示的草图，单击 按钮，退出草图环境，系统返回到"切除-拉伸"属性管理器。在"终止条件"下拉列表中选择"完全贯穿"选项，单击"确定"按钮，结果如图3-17所示。

11)在绘图区选择步骤3)创建模型的上表面，单击"草图绘制"按钮，进入草图绘制环境，绘制两个同心圆 φ18mm 和 φ11mm，如图3-18所示，再选择"圆周草图阵列"命令，系统弹出"圆周阵列"属性管理器，在"要阵列的实体"选择框中选取两个圆，在"参数"选项组的"中心点X"和"中心点Y"文本框中输入原点的坐

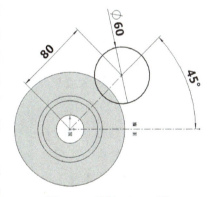
图3-16 绘制 φ60mm 圆

图3-17 创建 φ60mm 槽口

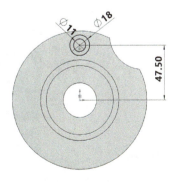
图3-18 绘制两个同心圆 φ18mm 和 φ11mm

标值,"数量"文本框中输入"3","间距"文本框中输入"360",单击"圆周阵列"属性管理器中的"确定"按钮 ,圆周阵列后的图形如图 3-19 所示。

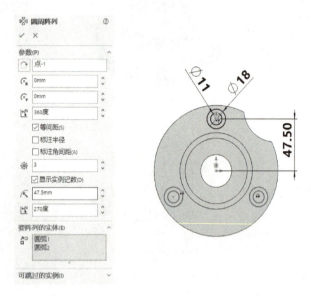

图 3-19　圆周阵列同心圆 φ18mm 和 φ11mm

12) 单击"特征"工具栏中的"拉伸切除"按钮,系统弹出"切除-拉伸"属性管理器,在"所选轮廓"选择框中选取步骤 11) 绘制的 3 个 φ18mm 圆,在"终止条件"下拉列表中选择"给定深度"选项,在"深度"文本框内输入"10",单击"确定"按钮,结果如图 3-20 所示。

13) 单击"特征"工具栏中的"拉伸切除"按钮,系统弹出"切除-拉伸"属性管理器,在"所选轮廓"选择框中选取步骤 11) 绘制的 3 个 φ11mm 圆,在"终止条件"下拉列表中选择"完全贯穿"选项,单击"确定"按钮,结果如图 3-21 所示。

图 3-20　拉伸切除 3 个 φ18mm 圆　　　　图 3-21　拉伸切除 3 个 φ11mm 圆

14）选择"插入"→"特征"→"倒角"菜单命令或单击"特征"工具栏中的"倒角"按钮 ⊘，系统弹出图3-22所示的"倒角"属性管理器。"倒角类型"选择"距离-距离"选项，在"要倒角化的项目"选择框中依次选取图3-22所示的两条边缘，在"倒角参数"下拉列表中选择"对称"选项，在"距离"文本框中输入"2"，单击"确定"按钮 ✓，结果如图3-23所示。

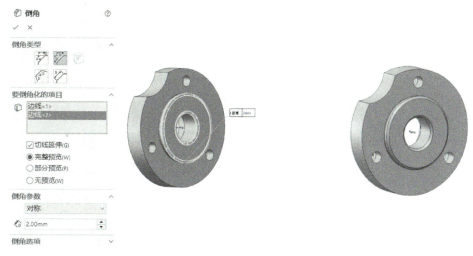

图3-22 倒角特征　　　　　　　　　　　　图3-23 法兰盘零件

【知识链接】

1. 拉伸凸台/基体

选择"插入"→"凸台/基体"→"拉伸"菜单命令或单击"特征"工具栏中的"拉伸凸台/基体"按钮 ⊘，系统弹出图3-24所示的"拉伸"属性管理器，提示需要选择一个平面作为草图平面，这时选取一个平面直接进入草图环境，绘制完草图退出草图环境后，系统弹出"凸台-拉伸"属性管理器，如图3-25所示。

图3-24 "拉伸"属性管理器　　　　　图3-25 "凸台-拉伸"属性管理器

利用"草图绘制"命令绘制需要拉伸的草图，并将其处于激活状态。选择"插入"→"凸台/基体"→"拉伸"菜单命令或单击"特征"工具栏中的"拉伸凸台/基体"按钮 ⊘，系统弹出图 3-25 所示的"凸台-拉伸"属性管理器。下面具体介绍各项参数设置。

1)"从"选项组：下拉列表中的选项可以设定拉伸特征的开始条件，这些条件包括如下几种。

① "草图基准面"选项：从草图所在的基准面开始拉伸，如图 3-26 所示。

② "曲面/面/基准面"选项：从这些实体之一开始拉伸。拉伸时要为"曲面/面/基准面"选择有效的实体，如图 3-27 所示。

③ "顶点"选项：从在顶点选项中选择的顶点开始拉伸，如图 3-28 所示。

④ "等距"选项：从与当前草图基准面等距的基准面开始拉伸。需要在"输入等距值"文本框中输入等距值，如图 3-29 所示。

图 3-26　从基准面开始拉伸

图 3-27　从曲面开始拉伸

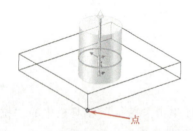

图 3-28　从顶点开始拉伸

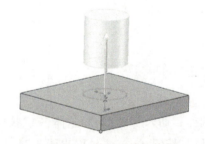

图 3-29　等距开始拉伸

2)"方向 1"选项组中各选项的含义如下。

① "终止条件"选项：下拉列表中的选项决定特征延伸的方式，并设定终止条件类型。根据需要，单击反向按钮，以与预览中所示方向相反的方向延伸特征。

a."给定深度"选项：在文本框中输入给定深度，从草图的基准面以指定的距离延伸特征，如图 3-30 所示。

b."完全贯穿"选项：从草图的基准面拉伸特征直到贯穿全部实体特征，如图 3-31 所示。

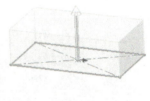

图 3-30　给定深度

c."成形到一顶点"选项：在图形区域中选择一个点作为顶点，从草图基准面拉伸特征到一个平面，这个平面平行于草图基准面且穿透指定的顶点，如图 3-32 所示。

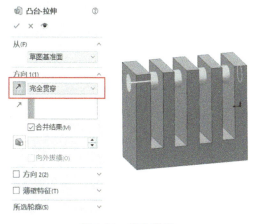
图3-31 完全贯穿

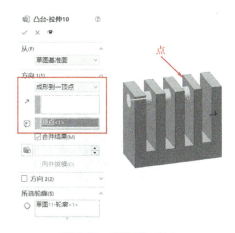
图3-32 成形到一顶点

d. "成形到一面"选项：在图形区域中选择一个要拉伸到的面或基准面作为面/基准面，从草图的基准面拉伸特征到所选的面以生成特征，如图3-33所示。

e. "到离指定面指定的距离"选项：在图形区域中选择一个面或基准面作为面/基准面，然后在文本框中输入等距值，勾选"转化曲面"可使拉伸结束在参考曲面转化处，而非实际的等距。必要时，勾选"反向等距"可以反向等距移动，如图3-34所示。

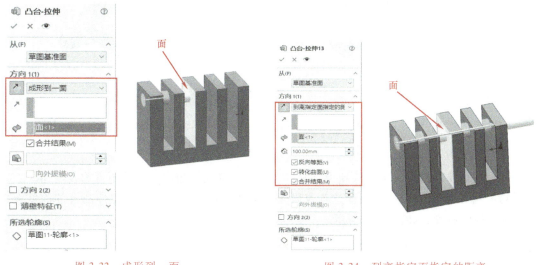

图3-33 成形到一面　　　　　　　图3-34 到离指定面指定的距离

f. "成形到实体"选项：在图形区域选择要拉伸的实体作为实体/曲面实体。在装配件中拉伸时可以使用此选项，以延伸草图到所选的实体，如图3-35所示。

g. "两侧对称"选项：在文本框中输入深度值，从草图基准面向两个方向对称拉伸特征，如图3-36所示。

② "拉伸方向"选项：在图形区域中选择方向向量，以垂直于草图轮廓的方向拉伸草图。

③ "拔模开/关"选项：新增拔模到拉伸特征。使用时要设定拔模角度，再根据需要确定是否勾选"向外拔模"，如图3-37所示。

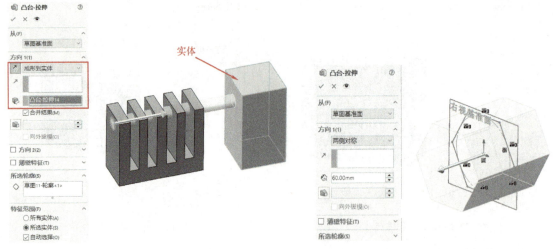

图 3-35　成形到实体　　　　　图 3-36　两侧对称

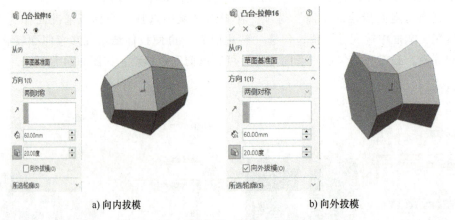

a) 向内拔模　　　　　　　　b) 向外拔模

图 3-37　拔模

3）"方向2"选项组中各选项设定与"方向1"选项组相同，此处不再重复阐述。

4）"薄壁特征"选项组：该选项仅限于钣金类零件，表示自动将拉伸凸台的深度链接到基本特征的厚度，如图3-38所示。

技巧点拨：在"凸台-拉伸"属性管理器中，单击"拉伸方向"按钮 后的方框，选择要拉伸方向的直线（或者实体边线等），实现有方向的拉伸，如图3-39所示。

5）"所选轮廓"选项组：所选轮廓允许使用部分草图来生成拉伸特征，在图形区域中选择的草图轮廓和模型边线将显示在"所选轮廓"选项组中。

2. 拉伸切除

拉伸切除特征与拉伸凸台特征的操作过程相同。拉伸切除是减材料，要生成切除拉伸特征，"切除-拉伸"属性管理器中各选项与"凸台-拉伸"属性管理器中各选项设置相同，不再详细介绍。这里仅简单阐述拉伸切除特征的操作步骤。

利用"草图绘图"命令绘制草图，使其处于激活状态。选择"插入"→"切除"→"拉伸"菜单命令或单击"特征"工具栏中的"拉伸切除"按钮 ，系统弹出"切除-拉伸"

项目3 盘类零件的设计

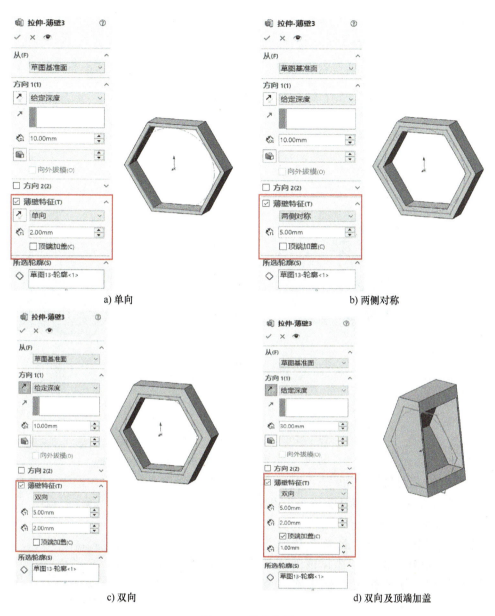

a) 单向　　　　　　　　　　　　　　b) 两侧对称

c) 双向　　　　　　　　　　　　　　d) 双向及顶端加盖

图 3-38　薄壁特征

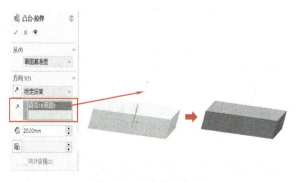

图 3-39　有方向的拉伸

属性管理器。

1)在"从"选项组下拉列表中选择"草图基准面"。

2)在"终止条件"下拉列表中选择"给定深度",在"深度"文本框中输入深度值"10",单击"确定"按钮 ✓ ,结果如图3-40所示。

3)同理,在"终止条件"下拉列表中选择"给定深度",在"深度"文本框中输入深度值"10",勾选"反侧切除",单击"确定"按钮 ✓ ,结果如图3-41所示。

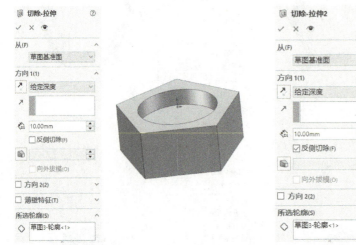

图3-40 拉伸切除　　　　　　　　　图3-41 反侧切除

3. 倒角

选择"插入"→"特征"→"倒角"菜单命令或单击"特征"工具栏中的"倒角"按钮,系统弹出图3-42所示的"倒角"属性管理器。下面具体介绍各项参数设置。

1)"倒角类型"选项组:包括"角度-距离""距离-距离""顶点""等距面"及"面-面"选项。

① "角度-距离"选项:选择该选项后出现"距离"和"角度"参数项,分别在文本框中输入参数值,如图3-43所示。

② "距离-距离"选项:选择该选项后出现"距离"或"距离1"和"距离2"参数项,分别在文本框中输入参数值,如图3-44所示。

③ "顶点"选项:选择该选项后出现"距离1""距离2"及"距离3"参数项,分别在文本框中输入参数值,如图3-45所示。

④ "等距面"选项:选择该选项后出现"等距距离"和"部分边线参数"参数项,分别在文本框中输入参数值,如图3-46所示。

图3-42 "倒角"属性管理器

⑤ "面-面"选项:选择该选项后出现"等距距离"或"宽度"或"偏移距离1"和"偏移距离2"参数项,分别在文本框中输入参数值,如图3-47所示。

 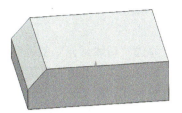

图 3-43 "角度-距离"生成倒角

 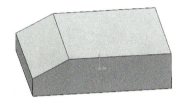

图 3-44 "距离-距离"生成倒角

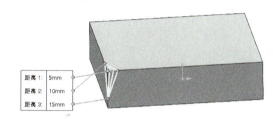 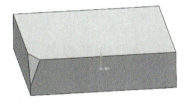

图 3-45 "顶点"生成倒角

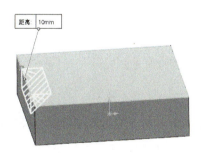 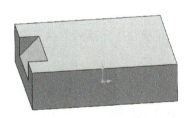

图 3-46 "等距面"生成倒角

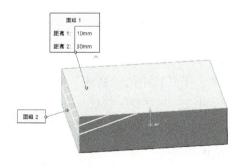 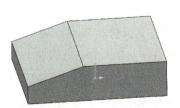

图 3-47 "面-面"生成倒角

2)"要倒角化的项目"选项组：单击下方显示框，然后在图形区域中选择实体（边线和面或顶点）。

① 如果勾选"切线延伸"复选框，则表示将倒角延伸到所有与所选面相切的面。

② 确定预览方式。包括完整预览、部分预览、无预览，选择哪一种在其前面选中即可。

3)"倒角参数"选项组：对应在各选项中输入距离值或角度值。

4)"倒角选项"选项组：如果勾选"保持特征"复选框，则当应用倒角特征时，会保持零件的其他特征，如图3-48所示。

a) 原零件　　b) 没有勾选"保持特征"复选框　　c) 勾选"保持特征"复选框

图 3-48　保持特征

技巧点拨：按住<Ctrl>键并从FeatureManager设计树上拖动特征图标到想要修改的边上或面上，即可在多个边线或面上生成倒角。

任务3.2　调节盘的设计

【知识目标】

通过本任务的学习，使读者能熟练掌握拉伸凸台/基体、拉伸切除、圆周阵列等命令的应用与操作方法。

【技能目标】

能运用特征建模命令完成调节盘零件的三维造型设计。

【素质目标】

培养爱岗敬业、遵纪守法的职业素养；培养互帮互助、团队协作的优良品质；培养一丝不苟、精益求精的工匠精神。

【任务布置】

根据已知调节盘零件图样，精确地完成其三维造型设计，如图3-49所示。

【任务实施】

1) 新建文件。启动SolidWorks 2022软件，单击工具栏中的"新建"按钮，系统弹出"新建SolidWorks文件"对话框，在"模板"选项卡中选择"零件"选项，单击"确定"按钮。

2) 在模型树上选择"上视基准面"，单击"草图绘制"按钮，进入草图绘制环境，绘制图3-50所示的草图，单击　　按钮，退出草图环境。

3) 单击"特征"工具栏中的"拉伸凸台/基体"按钮，系统弹出"凸台-拉伸"属

项目3 盘类零件的设计

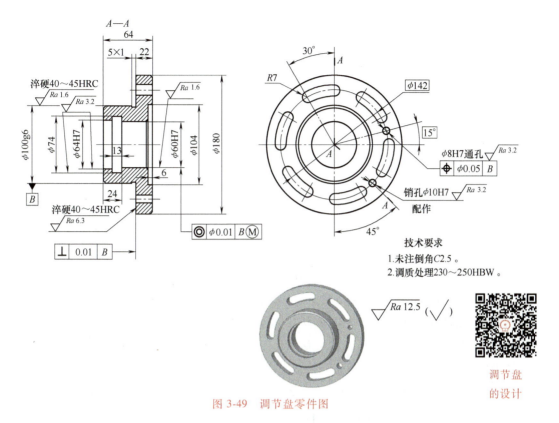

图 3-49 调节盘零件图

性管理器,在"终止条件"下拉列表中选择"给定深度"选项,在"深度"文本框内输入"22",单击"确定"按钮 ✓ ,结果如图3-51所示。

4)单击"特征"工具栏中的"拉伸凸台/基体"按钮 📄 ,系统弹出"凸台-拉伸"属性管理器,在绘图区选择步骤3)创建模型的上表面,进入草图环境,绘制图3-52所示的草图,单击 按钮,退出草图环境,系统返回到"凸台-拉伸"属性管理器。在"从"下拉列表中选择"草图基准面"选项,在"终止条件"下拉列表中选择"给定深度"选项,在"深度"文本框内输入"5",单击"确定"按钮 ✓ ,结果如图3-53所示。

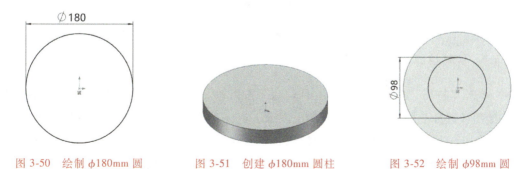

图 3-50 绘制 φ180mm 圆   图 3-51 创建 φ180mm 圆柱   图 3-52 绘制 φ98mm 圆

5)单击"特征"工具栏中的"拉伸凸台/基体"按钮 📄 ,系统弹出"凸台-拉伸"属性管理器,在绘图区选择步骤4)创建模型的上表面,进入草图环境,绘制图3-54所示的草图，单击 按钮，退出草图环境，系统返回到"凸台-拉伸"属性管理器。在"从"下拉列表中选择"草图基准面"选项，在"终止条件"下拉列表中选择"给定深度"选项，在"深度"文本框内输入"37"，单击"确定"按钮 ，结果如图3-55所示。

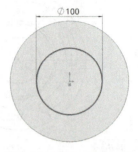

图3-53　创建φ98mm圆柱　　　图3-54　绘制φ100mm圆　　　图3-55　创建φ100mm圆柱

6) 单击"特征"工具栏中的"拉伸切除"按钮，系统弹出"切除-拉伸"属性管理器，在绘图区选择步骤5) 创建模型的上表面，进入草图环境，绘制图3-56所示的草图，单击 按钮，退出草图环境，系统返回到"切除-拉伸"属性管理器。在"终止条件"下拉列表中选择"给定深度"选项，在"深度"文本框内输入"11"，单击"确定"按钮 ，结果如图3-57所示。

7) 单击"特征"工具栏中的"拉伸切除"按钮，系统弹出"切除-拉伸"属性管理器，在绘图区选择步骤6) 创建模型的上表面，进入草图环境，绘制图3-58所示的草图，单击 按钮，退出草图环境，系统返回到"切除-拉伸"属性管理器。在"终止条件"下拉列表中选择"给定深度"选项，在"深度"文本框内输入"13"，单击"确定"按钮 ，结果如图3-59所示。

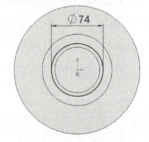

图3-56　绘制φ64mm圆　　　图3-57　创建φ64mm孔　　　图3-58　绘制φ74mm圆

8) 单击"特征"工具栏中的"拉伸切除"按钮，系统弹出"切除-拉伸"属性管理器，在绘图区选择步骤7) 创建模型的上表面，进入草图环境，绘制图3-60所示的草图，单击 按钮，退出草图环境，系统返回到"切除-拉伸"属性管理器。在"终止条件"下拉列表中选择"给定深度"选项，在"深度"文本框内输入"34"，单击"确定"按钮 ，结果如图3-61所示。

9) 单击"特征"工具栏中的"拉伸切除"按钮，系统弹出"切除-拉伸"属性管理

项目3 盘类零件的设计

图 3-59 创建 φ74mm 孔

图 3-60 绘制 φ64mm 圆

图 3-61 创建 φ64mm 孔

器,在绘图区选择步骤 8)创建模型的下表面,进入草图环境,绘制图 3-62 所示的草图,单击 按钮,退出草图环境,系统返回到"切除-拉伸"属性管理器。在"终止条件"下拉列表中选择"给定深度"选项,"深度"为"6",单击"确定"按钮 ✓,结果如图 3-63 所示。

10)单击"特征"工具栏中的"倒角"按钮 ,系统弹出"倒角"属性管理器,"倒角类型"选择"角度-距离","距离"文本框中输入"2.5","角度"文本框中输入"45",单击"确定"按钮 ✓,结果如图 3-64 所示。

图 3-62 绘制 φ104mm 圆

图 3-63 创建 φ104mm 孔

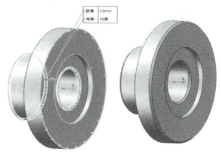
图 3-64 倒角后模型

11)单击"特征"工具栏中的"拉伸切除"按钮 ,系统弹出"切除-拉伸"属性管理器,在绘图区选择步骤 3)创建模型的上表面,进入草图环境,绘制图 3-65 所示的草图,单击 按钮,退出草图环境,系统返回到"切除-拉伸"属性管理器。在"终止条件"下拉列表中选择"完全贯穿"选项,单击"确定"按钮 ✓,结果如图 3-66 所示。

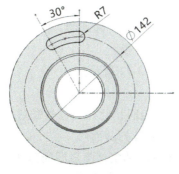
图 3-65 绘制槽口草图

图 3-66 创建槽口实体

12）选择"插入"→"阵列/镜像"→"圆周阵列"菜单命令或单击"特征"工具栏中的"圆周阵列"按钮 ，系统弹出图 3-67 所示的"阵列（圆周）1"属性管理器。选择图 3-66 所示的临时轴为阵列轴，选择步骤 11）拉伸切除产生的槽口为阵列特征，"总角度"文本框中输入"360"，"实例数"文本框中输入"6"，单击"确定"按钮 ，结果如图 3-68 所示。

13）单击"特征"工具栏中的"拉伸切除"按钮 ，系统弹出"切除-拉伸"属性管理器，在绘图区选择步骤 3）创建模型的上表面，进入草图环境，绘制图 3-69 所示的草图，单击 按钮，退出草图环境，系统返回到"切除-拉伸"属性管理器。在"终止条件"下拉列表中选择"完全贯穿"选项，单击"确定"按钮 ，结果如图 3-70 所示。

图 3-67 "阵列（圆周）1"属性管理器

图 3-68 阵列槽口特征

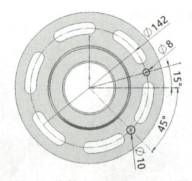

图 3-69 绘制 φ10mm 和 φ8mm 两圆

图 3-70 调节盘零件

【知识链接】

拉伸凸台/基体和拉伸切除命令在任务 3.1 中已详细介绍，这里仅介绍圆周阵列命令。

选择"插入"→"阵列/镜像"→"圆周阵列"菜单命令或单击"特征"工具栏中的"圆周阵列"按钮 ，系统弹出"阵列（圆周）1"属性管理器。

1）"方向 1"选项组中各选项含义如下。

① "阵列轴"选项：阵列绕此轴生成。单击"反向"按钮改变阵列的方向。

② "实例间距"选项：指每个实例之间的角度，如图 3-71 所示。

③ "等间距"选项：系统自动设定总角度为 360°，如图 3-72 所示。

④ "实例数"选项：设定源特征的实例数。

2）"方向 2"选项组中各选项设定与"方向 1"选项组相同，此处不再重复阐述。

3）"特征和面"选项组：包括"要阵列的特征"和"要阵列的面"。

① "要阵列的特征"选项：可以使用在多实体零件中选择的实体生成圆周阵列。

② "要阵列的面"选项：可以使用构成源特征的面生成圆周阵列。

图 3-71 实例间距　　　　　　　　图 3-72 等间距

4)"可跳过的实例"选项组:可以在生成圆周阵列时跳过在图形区域中选择的阵列实例,如图 3-73 所示。

5)"选项"选项组:包括"几何体阵列"和"延伸视象属性"等。

① "几何体阵列"选项:勾选该复选框,只阵列生成几何外观,不形成特征。

② "延伸视象属性"选项:勾选该复选框,将 SolidWorks 设置的实体外观效果,如颜色、纹理等,应用在阵列生成的实体上。

图 3-73 可跳过的实例

技能拓展训练题

【拓展任务】

在 SolidWorks 中创建图 3-74 和图 3-75 所示的企业典型零件三维实体模型。

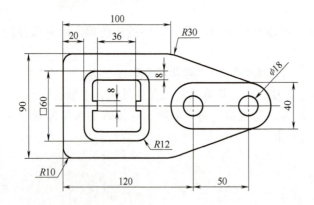

图 3-74 支承座

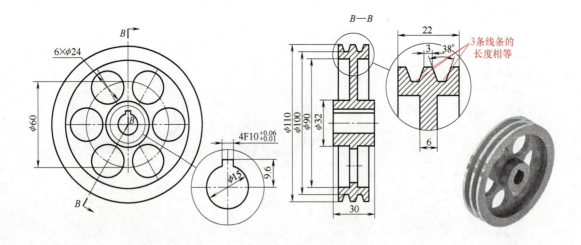

图 3-75 带轮

项目3 盘类零件的设计

【任务评价】

任务评价单

专业：_____ 班级：_____ 姓名：_____ 组别：_____

评价内容	评价标准	评价分值	自我评价（50%）	小组互评（20%）	教师评价（30%）
识图能力	正确读懂图样	30分			
知识点应用情况	关键知识点内化	20分			
操作熟练程度	三维建模快速、准确	15分			
小组协作精神	相互交流、讨论，确定设计思路	10分			
课堂纪律	认真思考、刻苦钻研	10分			
学习主动性	学习意识增强、精益求精、敢于创新	15分			
	小计	100分			
	总评				

小组组长签字：_____ 任课教师签字：_____

项目4

轴类零件的设计

轴类零件是比较常用的典型零件之一。它主要用来支承传动零部件，传递转矩和承受载荷。轴类零件是旋转体零件，其长度大于直径，一般由同轴的外圆柱面、圆锥面、内孔和螺纹及相应的端面所组成。根据结构形状的不同，轴类零件可分为光轴、阶梯轴、空心轴和曲轴等。本项目主要介绍减速器传动轴和齿轮轴零件三维造型设计的一般方法与应用技巧。

任务 4.1 减速器传动轴的设计

【知识目标】

通过本任务的学习，使读者能熟练掌握旋转凸台/基体、旋转切除、倒角等命令的应用与操作方法。

【技能目标】

能运用特征建模命令完成减速器传动轴零件的三维造型设计。

【素质目标】

培养爱岗敬业、遵纪守法的职业素养；培养互帮互助、团队协作的优良品质；培养一丝不苟、精益求精的工匠精神。

【任务布置】

根据已知减速器传动轴零件图样，精确地完成其三维造型设计，如图 4-1 所示。

【任务实施】

1) 新建文件。启动 SolidWorks 2022 软件，单击工具栏中的"新建"按钮，系统弹出"新建 SolidWorks 文件"对话框，在"模板"选项卡中选择"零件"选项，单击"确定"按钮。

2) 在模型树上选择"上视基准面"，单击"正视"按钮，单击"草图绘制"按钮，进入草图绘制环境，按照零件尺寸使用"直线"工具绘制图 4-2 所示的草图，此草图为轴零件过中心轴截面的一半。

3) 单击"特征"工具栏中的"旋转凸台/基体"按钮，系统弹出"旋转"属性管理器，"旋转轴"选择草图上侧直线，在"角度"文本框内输入"360"，单击"确定"按钮，设置如图 4-3 所示，结果如图 4-4 所示。

项目4 轴类零件的设计

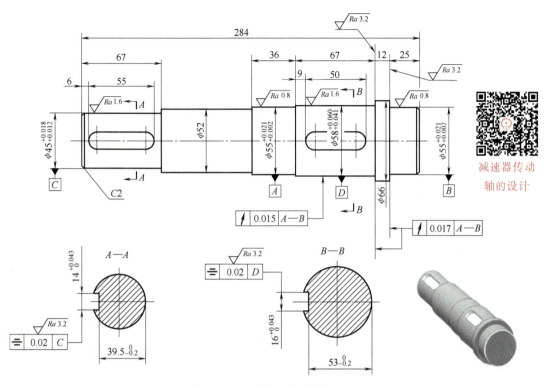

图 4-1 减速器传动轴零件图

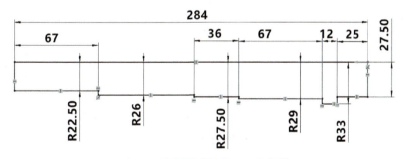

图 4-2 绘制轴零件截面一半草图

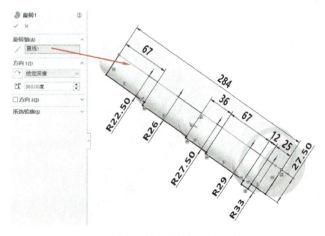

图 4-3 "旋转"属性管理器设置方法

图 4-4 旋转结果

4）根据图样键槽深度尺寸及轴直径尺寸，可计算出左侧键槽底面距轴零件中心对称面的尺寸为17mm，右侧键槽为24mm。单击"参考几何体"按钮 右侧下拉箭头，单击"基准面"按钮，新建一个距上视基准面距离为17mm的新基准面1，用于绘制左侧键槽草图，单击"确定"按钮。重复以上操作建立第二个基准面2，距上视基准面距离为24mm，用于绘制右侧键槽草图。"基准面"属性管理器设置方法如图4-5所示。

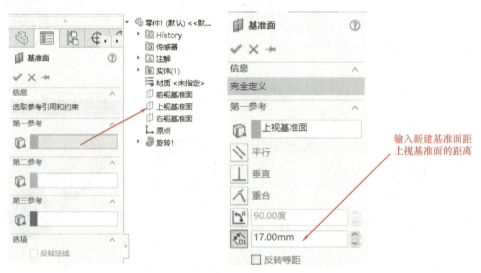

图4-5 "基准面"属性管理器设置方法

5）选择新建的基准面1，单击"正视"按钮，选择草图工具中的"直槽"工具，在直径为45mm的位置，按照图样尺寸绘制键槽草图，如图4-6所示。单击"拉伸切除"按钮，选择"成形到下一面"选项，此时需要注意键槽的切除方向是否与实际相符，如方向相反，则单击"反向"按钮，键槽切除设置方法如图4-7所示，重复以上操作绘制直径为58mm位置上的键槽。切除完键槽的轴如图4-8所示。

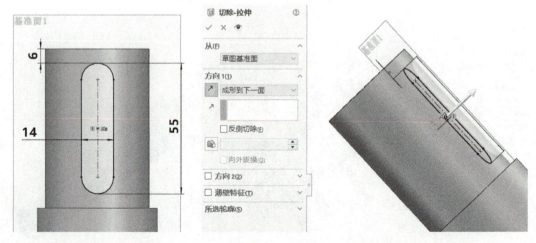

图4-6 键槽草图　　　　　　　　图4-7 键槽切除设置方法

项目4 轴类零件的设计

图 4-8 切除完键槽的轴

6) 单击"特征"工具栏中的"倒角"按钮，选择轴端两侧圆形边线，距离设置为 2mm，角度为 45°，单击"确定"按钮 完成倒角，如图 4-9 所示，即完成此轴建模操作。

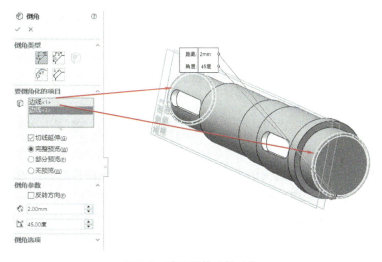

图 4-9 减速器传动轴零件

【知识链接】

1. 旋转凸台/基体

选择"插入"→"凸台/基体"→"旋转"菜单命令或单击"特征"工具栏中的"旋转凸台/基体"按钮，选取一个平面或基准面作为草图平面，利用"草图绘制"工具绘制一条中心线和旋转轮廓，退出草图绘制环境，系统弹出图 4-10 所示的"旋转"属性管理器。下面具体介绍各项参数设置。

1)"旋转轴"选项 ：选择特征旋转所绕的轴，此轴可以是中心线、直线或一条边线。

2)"方向1"选项组：从草图基准面定义旋转方向。根据需要，单击"反向"按钮 来反转旋转方向，如图 4-11 所示。该选项组有"给定深度""成形到一顶点""成形到一面""到离指定面指定的距离"和"两侧对称"选项，这些选项的含义参照"拉伸"特征中的相关内容。

"角度"选项 ：定义旋转所包罗的角度，默认角度为 360°。

3)"方向2"选项组中各选项设定与"方向1"选项组相同。

  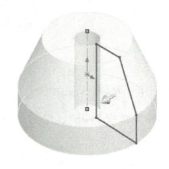

图 4-10 "旋转"属性管理器　　　　　　　图 4-11 旋转实体

4)"薄壁特征"选项组中各选项的含义如下。

①"薄壁类型"选项有以下三种。

a."单项"选项：从草图以单一方向生成薄壁体积。单击"反向"按钮 ，生成反转薄壁体积。

b."两侧对称"选项：通过使用草图为中心，在草图两侧均等生成薄壁体积。

c."双向"选项：在草图两侧生成薄壁体积。

②"方向1厚度"选项：为"单向"和"两侧对称"薄壁特征旋转设定薄壁体积厚度。

5)"所选轮廓"选项组：当用多轮廓生成旋转特征时使用此选项。将光标放在图形区域位置上，相应位置会改变颜色，单击图形区域中的位置，生成旋转的预览，此时草图的区域出现在"所选轮廓"框中，如图4-12所示。用户可以选择任何区域组合来生成单一或多实体零件。

 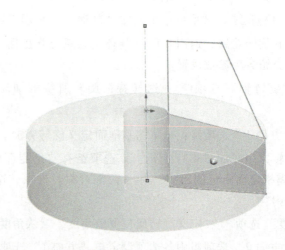

图 4-12 所选轮廓旋转实体

2. 旋转切除

旋转切除特征与旋转凸台特征的操作过程相同。旋转切除是减材料，要生成切除旋转特征，"切除-旋转"属性管理器中各选项与"旋转"属性管理器中各选项设置相同，不再详细介绍。这里仅简单阐述旋转切除特征的操作步骤。

1）选择前视基准面。

2）选择"插入"→"切除"→"旋转"菜单命令或单击"特征"工具栏中的"旋转切除"按钮 ，进入草图界面，绘制完成草图，退出草图环境。

3）系统弹出"切除-旋转"属性管理器，再选择旋转中心线，在图形区域中显示生成的切除旋转特征。

4）在"方向1"选项组的下拉列表中选择旋转类型为"给定深度"，在"角度"文本框中输入"360"。

5）如要生成薄壁旋转，则勾选"薄壁特征"复选框，设置相关选项。

6）单击"确定"按钮 ，生成旋转切除特征，如图4-13所示。

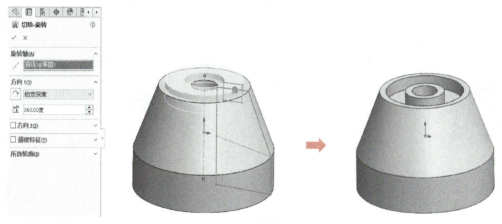

图 4-13　旋转切除

技巧点拨：绘制完草图后不必退出草图环境，直接单击对应的特征实体工具即可生成实体。

任务 4.2　齿轮轴的设计

【知识目标】

通过本任务的学习，使读者进一步熟练掌握旋转凸台/基体、新建基准面、圆周阵列等命令的应用与操作方法。

【技能目标】

能运用特征建模命令完成齿轮轴零件的三维造型设计。

【素质目标】

培养爱岗敬业、遵纪守法的职业素养；培养互帮互助、团队协作的优良品质；培养一丝不苟、精益求精的工匠精神。

【任务布置】

根据已知齿轮轴零件图样，精确地完成其三维造型设计，如图 4-14 所示。

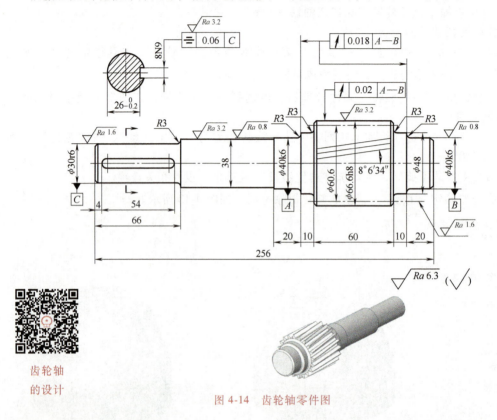

图 4-14 齿轮轴零件图

【任务实施】

1）新建文件。启动 SolidWorks 2022 软件，单击工具栏中的"新建"按钮，系统弹出"新建 SolidWorks 文件"对话框，在"模板"选项卡中选择"零件"选项，单击"确定"按钮。

2）在模型树上选择"上视基准面"，单击"正视"按钮，单击"草图绘制"按钮，进入草图绘制环境，按照齿轮轴零件外形尺寸使用"直线"命令绘制图 4-15 所示

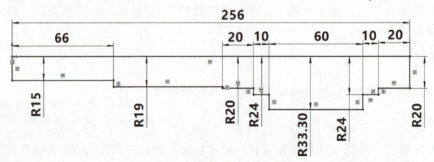

图 4-15 齿轮轴零件截面一半草图

的草图，此草图为齿轮轴零件过中心轴截面的一半。

3）单击"特征"工具栏中的"旋转凸台/基体"按钮，系统弹出"旋转"属性管理器，"旋转轴"选择草图上侧直线，在"角度"文本框内输入"360"，单击"确定"按钮，设置如图4-16所示，结果如图4-17所示。

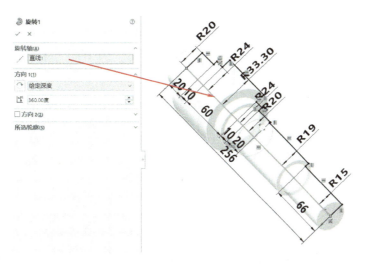

图4-16 "旋转"属性管理器设置方法

4）根据图样键槽深度尺寸及轴直径尺寸，可计算出键槽底面距轴零件中心对称面的距离为11mm。单击"参考几何体"按钮右侧下拉箭头，单击"基准面"按钮，新建一个距上视基准面距离为11mm的新基准面1，用于绘制键槽草图，单击"确定"按钮。"基准面"属性管理器设置方法如图4-18所示。

图4-17 旋转结果

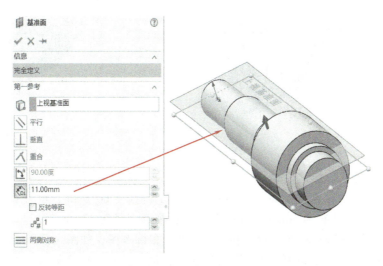

图4-18 "基准面"属性管理器设置方法

5）选择新建的基准面 1，单击"正视"按钮，选择草图工具中的"直槽"命令，在齿轮轴直径为 30mm 位置，按照图样尺寸绘制键槽草图，如图 4-19 所示。单击"拉伸切除"按钮，选择"成形到下一面"选项，此时需要注意键槽的切除方向是否与实际相符，如方向相反，则单击"反向"按钮，单击"确定"按钮。键槽切除设置方法如图 4-20 所示。

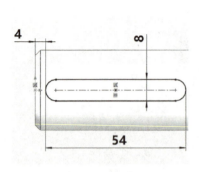

图 4-19 键槽草图

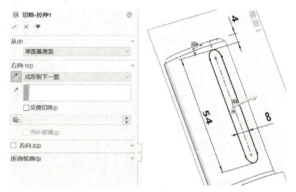

图 4-20 键槽切除设置方法

6）单击"特征"工具栏中的"倒角"按钮，选择轴端两侧圆形边线，距离设置为 2mm，角度为 45°，单击"确定"按钮，完成倒角，如图 4-21 所示。

7）单击"特征"工具栏中的"倒圆角"按钮，选择齿轮轴上需要倒圆角位置的圆形边线，"圆角参数"选项组中圆角方法设置为"对称"，半径设置为 3mm，单击"确定"按钮，完成倒圆角操作，如图 4-22 所示。

图 4-21 倒角操作

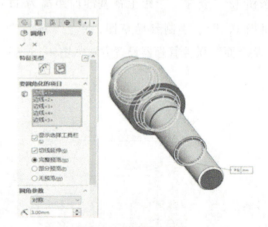

图 4-22 倒圆角操作

8）根据图样斜齿轮齿顶圆直径 66.6mm 及分度圆直径 60.6mm，可计算出此斜齿轮端面模数为 3mm，基圆直径为 56mm，齿数为 20，齿根圆直径为 53mm。

9）在轴直径为 66mm 端面位置绘制齿顶圆及齿根圆草图，如图 4-23 所示。

10）选择"工具"菜单中的"方程式"选项，定义基圆直径变量 D = 56mm，如图 4-24 所示，单击"确定"按钮。

11）在齿顶圆与齿根圆草图环境中，单击"曲线"按钮 ∩ 右侧下拉选项，选择"方程式驱动的曲线"，选择"参数性"选项，在"方程式"和"参数"文本框中输入渐开线方程：

$x_t = (D/2) * (\cos(t) + \sin(t) * t) \backslash y_t = (D/2) * (\sin(t) - \cos(t) * t)$

$t_1 = 0 \backslash t_2 = pi/2$

即可通过方程绘制出齿轮齿廓渐开线，如图 4-25 所示。

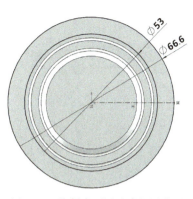

图 4-23　绘制齿顶圆及齿根圆草图

12）单击"中心线"按钮 ，绘制两条通过原点的中心线，其中一条水平并与渐开线起点重合，另一条在下侧与水平线成 4.5°，即 90°/z，如图 4-26 所示，下侧中心线作为镜像渐开线的镜像轴。

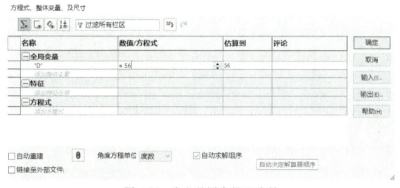

图 4-24　定义基圆直径 D 变量

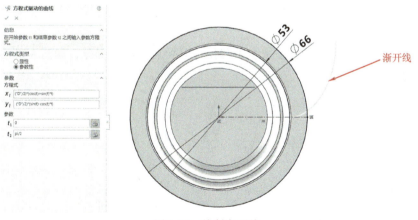

图 4-25　绘制渐开线

13）单击"镜像"按钮 ，"要镜像的实体"选择渐开线，"镜像轴"选择下侧中心线，单击"确定"按钮 ，结果如图 4-27 所示。

14）单击"直线"按钮 ，将两渐开线起点用两条线段与齿根圆相连，并使用几何关系定义两线段与下侧中心线平行，如图 4-28 所示。

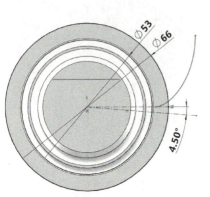

图 4-26　绘制镜像中心线

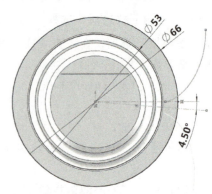

图 4-27　镜像渐开线

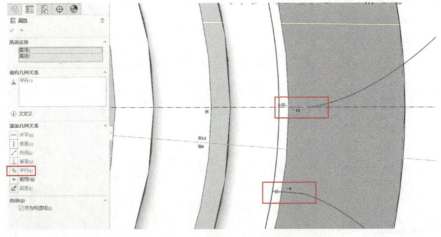

图 4-28　连接渐开线与齿根圆

15）使用"裁剪"命令将多余线条剪掉，只留齿槽形状部分，如图 4-29 所示，单击退出草图环境。

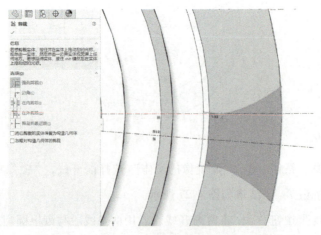

图 4-29　裁剪草图

项目4 轴类零件的设计

16）单击草图"圆"命令，在齿轮端面位置再绘制一个与齿顶圆半径一样的圆，单击"插入"→"曲线"→"螺旋线"命令，选择"恒定螺距"，根据齿轮螺旋角 8°6′34″ 计算得到螺旋线螺距为 1393mm，圈数输入 0.05 圈，起始角度输入 0°，旋向选择"逆时针"，单击"确定"按钮 ，如图 4-30 所示。

17）单击"插入"→"切除"→"扫描"命令，"轮廓"选择齿槽草图，"引导线"选择螺旋线，如图 4-31 所示。

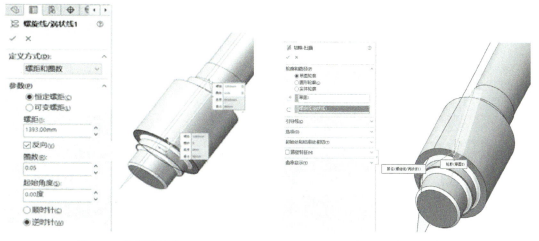

图 4-30　绘制螺旋线　　　　　　　　图 4-31　扫描切除齿槽

18）单击"基准轴"命令，选择齿轮轴任意圆柱面生成基准轴。

19）单击"插入"→"阵列/镜像"→"圆周阵列"命令，"阵列轴"选择基准轴，"特征和面"选择已切除的齿槽，"数量"为齿数 20，"角度"为 360°，选择"等间距"，单击"确定"按钮，如图 4-32 所示。即完成齿轮轴建模，结果如图 4-33 所示。

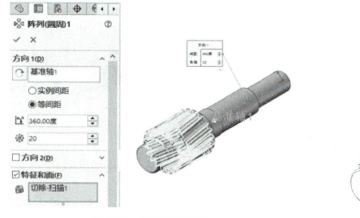

图 4-32　圆周阵列齿槽　　　　　　　　图 4-33　齿轮轴零件

【知识链接】

1. 抽壳

选择"插入"→"特征"→"抽壳"菜单命令或单击"特征"工具栏中的"抽壳"按钮

，系统弹出"抽壳1"属性管理器。下面具体介绍各项参数设置。

1)"参数"选项组：包括"厚度"和"移除的面"选项。

①"厚度"选项：输入抽壳的壁厚。

②"移除的面"选项：从图形区域中选择一个或多个开口面作为要移除的面，此时会在显示框中显示出所选的开口面。如果没有选择任何一个开口面，则系统会生成一个闭合、掏空的模型。"移除的面"抽壳如图4-34所示。

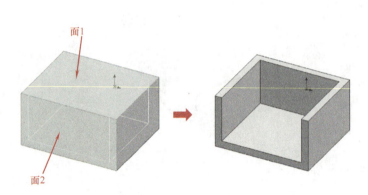

图4-34 "移除的面"抽壳

③"壳厚朝外"：勾选此复选框，会增加零件外部尺寸，从而生成抽壳，如图4-35所示。

④"显示预览"：勾选此复选框，会生成抽壳特征的预览。

2)"多厚度设定"选项组：可以生成一个具有多厚度面的抽壳特征。

①"厚度"选项：输入对应抽壳的壁厚。

②"多厚度面"选项：在图形区域中分别选择不同壁厚的面，并输

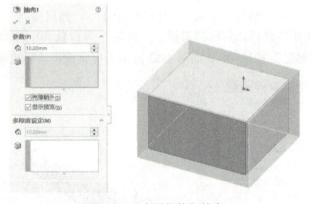

图4-35 "壳厚朝外"抽壳

入壁厚值。单击"确定"按钮，生成多厚度抽壳特征，通过剖视图查看不同壁厚。"多厚度面"抽壳如图4-36所示。

2. 拔模

选择"插入"→"特征"→"拔模"菜单命令或单击"特征"工具栏中的"拔模"按钮，系统弹出"拔模1"属性管理器。下面具体介绍各项参数设置。

1)"拔模类型"选项组：包括中性面、分型线、阶梯拔模三种。

①"中性面"选项：可以拔模一些外部面、所有外部面、一些内部面、所有内部面、相切的面或内部和外部面组合，如图4-37所示。

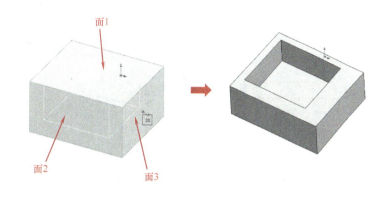

图 4-36 "多厚度面"抽壳

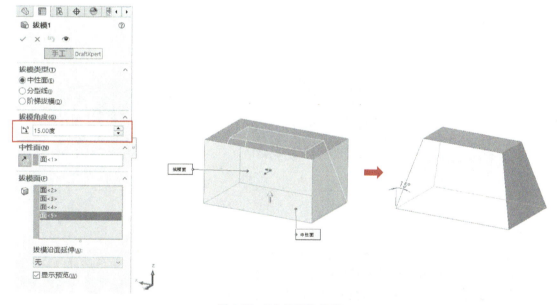

图 4-37 "中性面"拔模

②"分型线"选项：可以对分型线周围的曲线进行拔模，分型线可以是空间的，如图 4-38 所示。

③"阶梯拔模"选项：阶梯拔模为分型线拔模的变体，阶梯拔模生成一个绕基准面而旋转的一个面，如图 4-39 所示。

2)"拔模角度"选项 ：用来设定拔模的角度。

3)"中性面"选项组：指在拔模的过程中大小不变的固定面，用于指定拔模角旋转轴，如果中性面与拔模面相交，则相交处即为旋转轴。

4)"拔模面"选项组：包括拔模面、拔模方向、拔模沿面延伸。

①"拔模面"选项 ：选取要拔模的面。

②"拔模方向"选项：用来确定拔模角度的方向。

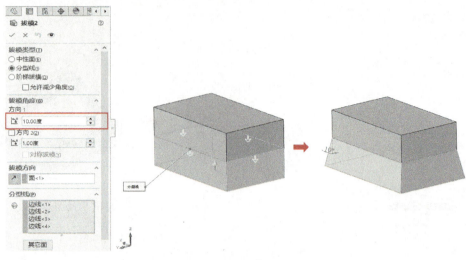

图 4-38 "分型线"拔模

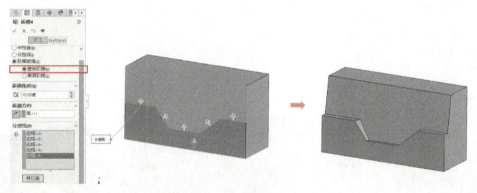

图 4-39 "锥形阶梯"拔模

③ "拔模沿面延伸"选项：包括沿切面、所有面、内部面、外部面。
"沿切面"：将拔模延伸到所有与所选面相切的面。
"所有面"：将所有从中性面拉伸的面进行拔模。
"内部面"：将所有从中性面拉伸的内部面进行拔模。
"外部面"：将所有从中性面拉伸的外部面进行拔模。

技巧点拨：对于拔模中性面，其要与被拔模面相交，然后被拔模面以拔模中性面与被拔模面的相交线为轴进行旋转从而实现拔模，其拔模中性面是个参考面，形状可能发生改变。

技能拓展训练题

【拓展任务】

在 SolidWorks 中创建图 4-40 和图 4-41 所示的企业典型零件三维实体模型。

项目4 轴类零件的设计

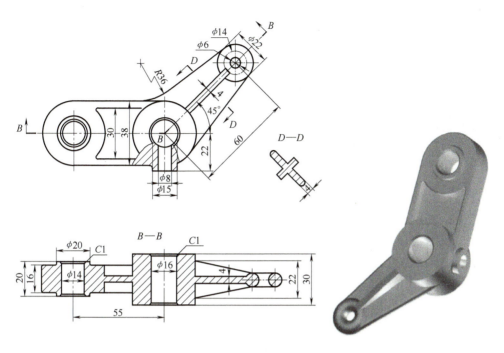

图 4-40 锁扣

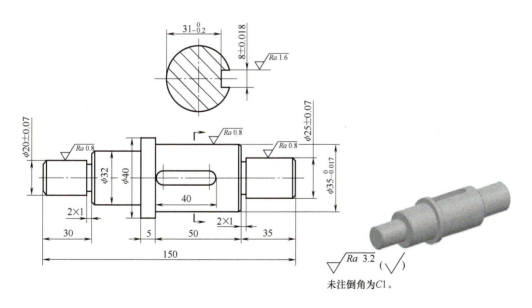

图 4-41 阶梯轴

SolidWorks机械设计实例教程（2022中文版）

【任务评价】

任务评价单

专业：_____　　班级：_____　　姓名：_____　　组别：_____

评价内容	评价标准	评价分值	自我评价（50%）	小组互评（20%）	教师评价（30%）
识图能力	正确读懂图样	30分			
知识点应用情况	关键知识点内化	20分			
操作熟练程度	三维建模快速、准确	15分			
小组协作精神	相互交流、讨论，确定设计思路	10分			
课堂纪律	认真思考、刻苦钻研	10分			
学习主动性	学习意识增强、精益求精、敢于创新	15分			
	小计	100分			
	总评				

小组组长签字：_____　　任课教师签字：_____

项目 5

套类零件的设计

套类零件是组成机器的重要零件之一，套类零件的结构特点是零件的主要表面为同轴度较高的内外旋转表面，壁厚较薄、易变形，长度一般大于直径等。主要表面基本上都是圆柱形的，一般都有较高的尺寸精度、形状精度和表面质量要求。套类零件主要是在车床上加工，同时也包含铣削、钻孔、磨削等工序。本项目主要介绍活塞和套筒零件三维造型设计的一般方法与应用技巧。

任务 5.1 活塞的设计

【知识目标】

通过本任务的学习，使读者能进一步掌握拉伸凸台/基体、拉伸切除、旋转切除、倒圆角等命令的应用与操作方法。

【技能目标】

能运用特征建模命令完成活塞零件的三维造型设计。

【素质目标】

培养爱岗敬业、遵纪守法的职业素养；培养互帮互助、团队协作的优良品质；培养一丝不苟、精益求精的工匠精神。

【任务布置】

根据已知活塞零件图样，精确地完成其三维造型设计，如图 5-1 所示。

【任务实施】

1）新建文件。启动 SolidWorks 2022 软件，单击工具栏中的"新建"按钮，系统弹出"新建 SolidWorks 文件"对话框，在"模板"选项卡中选择"零件"选项，单击"确定"按钮。

2）在模型树上选择"前视基准面"，单击"草图绘制"按钮，进入草图绘制环境，绘制图 5-2 所示的草图。

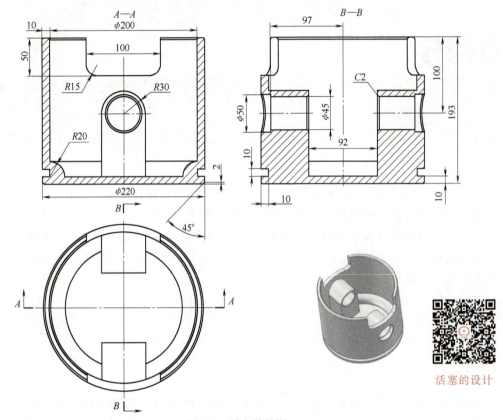

图 5-1 活塞零件图

3) 单击"特征"工具栏中的"拉伸凸台/基体"按钮，系统弹出"凸台-拉伸"属性管理器，在"终止条件"下拉列表中选择"给定深度"选项，在"深度"文本框内输入"193"，单击"确定"按钮，结果如图 5-3 所示。

4) 单击圆柱体的底面，单击"圆形"命令，绘制图 5-4 所示的草图。单击"特征"工具栏中的"拉伸切除"按钮，系统弹出"切除-拉伸"属性管理器，在"终止条件"下拉列表中选择"给定深度"选项，在"深度"文本框内输入"183"，单击"确定"按钮，结果如图 5-5 所示。

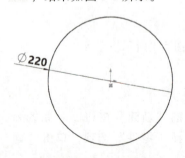

图 5-2 绘制 φ220mm 圆

图 5-3 创建 φ220mm 圆柱

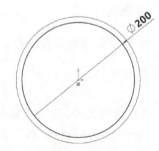

图 5-4 绘制 φ200mm 圆

5) 单击"上视基准面"，单击"正视"按钮，在圆柱体开口侧绘制图 5-6 所示矩形草图，其中两侧边线添加几何关系为对称。单击"特征"工具栏中的"拉伸切除"按钮

项目5 套类零件的设计

，系统弹出"切除-拉伸"属性管理器，在"终止条件"下拉列表中选择"两侧对称"选项，在"深度"文本框内输入"230",单击"确定"按钮 ✓，拉伸切除结果如图5-7所示。

图5-5　拉伸切除圆柱体　　　图5-6　绘制矩形草图　　　

图5-7　拉伸切除结果

6)单击"上视基准面",单击"参考几何体"→"基准面"按钮 ，偏移距离设置为46mm,单击"确定"按钮 ✓，新建基准面1如图5-8所示,单击新基准面1绘制活塞销座草图,如图5-9所示。

7)单击"特征"工具栏中的"拉伸凸台/基体"按钮 ，系统弹出"凸台-拉伸"属性管理器,在"终止条件"下拉列表中选择"成形到一面"选项,选择内侧圆柱面,单击"确定"按钮 ✓，结果如图5-10所示。

 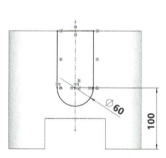 

图5-8　新建基准面1　　　图5-9　绘制活塞销座草图　　　图5-10　拉伸活塞销座

8)单击"插入"→"阵列/镜像"→"镜像"命令 ，系统弹出"镜像"属性管理器,"镜像面"选择上视基准面,"要镜像的特征"选择步骤7)创建的活塞销座,镜像结果如图5-11所示。

9)单击"上视基准面",单击"正视"按钮，绘制图5-12所示四分之一圆草图及中心线。单击"特征"工具栏中的"旋转凸台/基体"按钮 ，系统弹出"旋转"属性管理器,"旋转轴"选择草图中心线,在"角度"文本框内输入"360",单击"确定"按钮 ✓，完成活塞内侧底部圆角创建,如图5-13所示。

10)单击活塞销座内侧表面,绘制与上部圆角同心,直径为45mm的圆形草图,如图5-14

85

 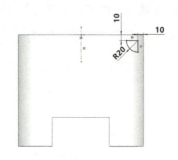 

图 5-11　镜像活塞销座　　图 5-12　绘制四分之一圆草图及中心线　　图 5-13　创建圆角

所示，单击"特征"工具栏中的"拉伸切除"按钮，系统弹出"切除-拉伸"属性管理器，在"终止条件"下拉列表中选择"成形到下一面"选项，单击"确定"按钮，结果如图 5-15 所示。和上述操作一致，在另一侧活塞销座拉伸切除 $\phi 45 mm$ 孔。

11）单击"上视基准面"，单击"参考几何体"→"基准面"按钮，偏移距离设置为 97mm，单击"确定"按钮，新建基准面 2，单击基准面 2，单击"正视"按钮，绘制直径为 50mm 的圆形草图。单击"特征"工具栏中的"拉伸切除"按钮，系统弹出"切除-拉伸"属性管理器，在"终止条件"下拉列表中选择"成形到下一面"选项，拉伸方向向外，单击"确定"按钮，完成活塞销孔外侧台阶创建，如图 5-16 所示。

图 5-14　绘制圆形草图　　　图 5-15　拉伸切除结果　　　图 5-16　拉伸切除活塞销孔台阶

12）单击"插入"→"阵列/镜像"→"镜像"命令，系统弹出"镜像"属性管理器，"镜像面"选择上视基准面，"要镜像的特征"选择步骤 11）创建的活塞销孔台阶，单击"确定"按钮，镜像结果如图 5-17 所示。

13）单击"上视基准面"，单击"正视"按钮，绘制图 5-18 所示正方形草图及过原点的中心线，单击"特征"工具栏中的"旋转切除"按钮，系统弹出"切除-旋转"属性管理器，"旋转轴"选择草图中心线，在"角度"文本框内输入"360"，单击"确定"按钮，完成活塞环安装槽创建，如图 5-19 所示。

图 5-17　镜像活塞销孔台阶

项目5 套类零件的设计

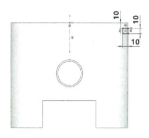

图 5-18　绘制正方形草图及过原点中心线

图 5-19　旋转切除结果

14）单击"倒角"命令 ，选择底部及上侧 5 条边线，距离设置为 2mm，角度为 45°，如图 5-20 所示，单击"确定"按钮 。单击"倒圆角"工具，选择图 5-21 所示 4 条边线，半径设置为 15mm，单击"确定"按钮 ，即完成活塞零件建模。

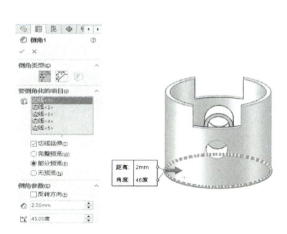

图 5-20　倒角操作

图 5-21　活塞零件

【知识链接】

1. 圆角

选择"插入"→"特征"→"圆角"菜单命令或单击"特征"工具栏中的"圆角"按钮 ，系统弹出图 5-22 所示的"圆角"属性管理器。下面具体介绍各项参数设置。

1）"圆角类型"选项组：包括恒定大小圆角、变量大小圆角、面圆角、完整圆角。

①"恒定大小圆角"选项 ：选择该选项可以生成整个圆角的长度都是等半径的圆角，如图 5-23 所示。

②"变量大小圆角"选项 ：选择该选项可以生成带变半径值的圆角，如图 5-24 所示。

图 5-22　"圆角"属性管理器

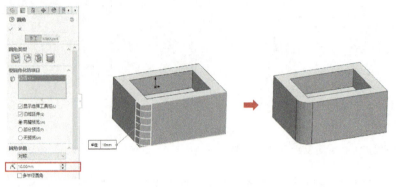

图 5-23 等半径圆角

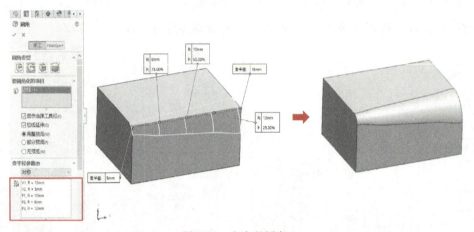

图 5-24 变半径圆角

③ "面圆角"选项 ：选择该选项可以混合非相邻、非连续的面，如图 5-25 所示。

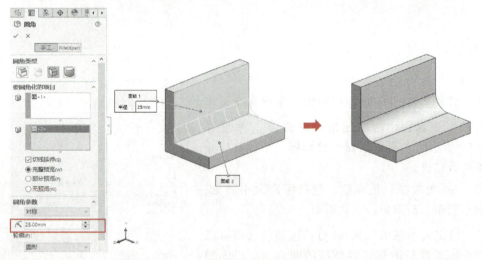

图 5-25 面圆角

④ "完整圆角"选项 ：选择该选项可以生成相切于第三个相邻面组的圆角，如图 5-26 所示。

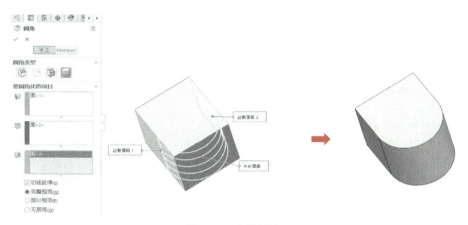

图 5-26　完整圆角

2)"要圆角化的项目"选项组各选项的含义如下。

①"切线延伸"选项：勾选该复选框，将圆角延伸到所有与所选面相切的面。

②"完整预览"选项：单击该单选按钮，用来显示所有边线的圆角预览。

③"部分预览"选项：单击该单选按钮，只显示一条边的预览。按键盘上的<A>键，依次可以预览每个圆角。

④"无预览"选项：单击该单选按钮，可缩短复杂模型的重建时间。

3)"圆角参数"选项组各选项的含义如下。

①"对称"选项：表示边线圆角两侧对称。

②"非对称"选项：表示边线圆角两侧半径不同，如图5-27所示。

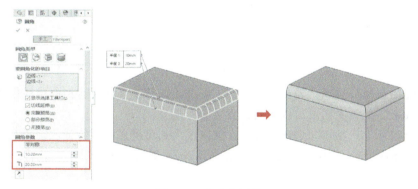

图 5-27　非对称圆角

③"半径"选项 ⩘：用来设置圆角的半径。

④"多半径圆角"选项：勾选该复选框，以边线不同的半径值生成圆角。使用不同半径的三条边线可以生成边角。但不能为具有共同边线的面或环指定多个半径。多半径圆角如图5-28所示。

4)"轮廓"选项组：包括圆形、圆锥Rho、圆锥半径、曲率连续。

①"圆形"选项：表示边线圆角呈圆形弧面。

②"圆锥Rho"选项：表示边线圆角弧面呈锥形方程式比例变化。

③"圆锥半径"选项：表示边线圆角弧面呈锥形曲率半径变化。

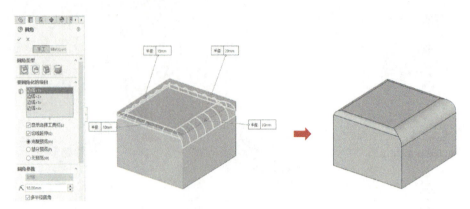

图 5-28 多半径圆角

④"曲率连续"选项：表示圆角弧面沿曲线曲率变化。

5）"部分边线参数"选项组：用来设置边线一部分倒圆角，如图 5-29 所示。

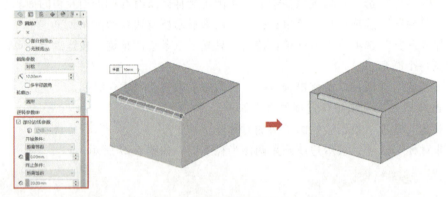

图 5-29 部分边线圆角

6）"圆角选项"选项组各选项的含义如下。

①"通过面选择"选项：勾选该复选框，可直接选择被其他面遮挡的边线创建圆角，否则需要旋转视图，使被遮挡的边线可见，方可进行选择。

②"保持特征"选项：勾选该复选框，当生成大到可覆盖其他特征的圆角时，将保持特征可见，如图 5-30 所示，否则将移除特征，如图 5-31 所示。

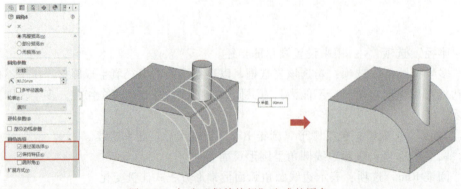

图 5-30 勾选"保持特征"生成的圆角

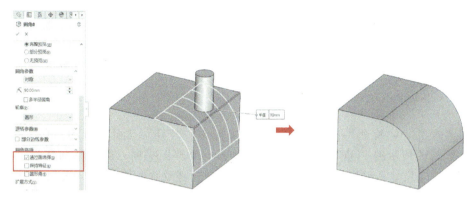

图 5-31　不勾选"保持特征"生成的圆角

③"圆形角"选项：勾选该复选框，可在两相交的圆角边线之间添加平滑的过渡，以消除两圆角边线汇合处的尖锐结合点，如图 5-32 所示。不勾选"圆形角"生成的圆角如图 5-33 所示。

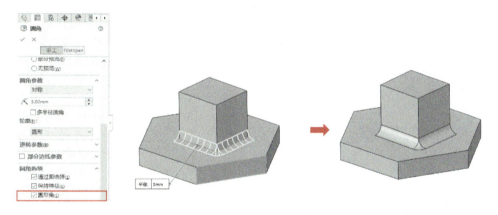

图 5-32　勾选"圆形角"生成的圆角

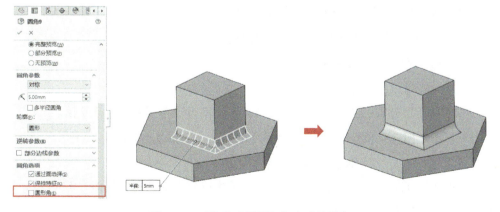

图 5-33　不勾选"圆形角"生成的圆角

7)"扩展方式"选项组各选项的含义如下。

① "默认"选项：系统根据集合条件选择"保持边线"或"保持曲面"选项。

② "保持边线"选项：模型边线保持不变，而圆角调整，在许多情况下，圆角的顶边线中会有沉陷。

③ "保持曲面"选项：圆角边线调整为连续和平滑，而模型边线更改以与圆角边线匹配。

2. 筋

选择"插入"→"特征"→"筋"菜单命令或单击"特征"工具栏中的"筋"按钮，系统弹出图 5-34 所示的"筋"属性管理器。选择一个草图平面，进入草图环境，绘制草图，约束并标注尺寸，退出草图环境；或选择一个已经绘制好的草图，这时"筋"属性管理器如图 5-35 所示，同时在右边的图形区域中显示生成的筋特征。下面具体介绍各项参数设置。

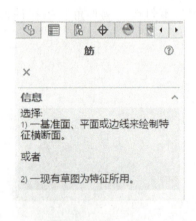

图 5-34 "筋"属性管理器（一）

图 5-35 "筋"属性管理器（二）

1) "参数"选项组各选项含义如下。

① "厚度"选项：包括第一边、两边、第二边三种。

a. "第一边"：只添加材料到草图的一边。

b. "两边"：均等添加材料到草图的两边。

c. "第二边"：只添加材料到草图的另一边。

② "筋厚度"选项：设置筋的厚度。

③ "拉伸方向"选项：设置筋的拉伸方向，包括平行于草图和垂直于草图。

a. "平行于草图"：平行于草图生成筋拉伸，如图 5-36 所示。

b. "垂直于草图"：垂直于草图生成筋拉伸。

④ "反转材料方向"选项：勾选此复选框，可更改拉伸的方向，如图 5-37 所示。

⑤ "拔模"选项：用来设定拔模的角度。

"向外拔模"：勾选此复选框，表示生成一向外拔模角度。

2) "所选轮廓"选项组：列举用来生成筋特征的草图轮廓。

项目5 套类零件的设计

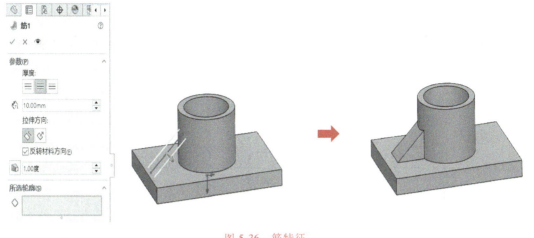

图 5-36 筋特征

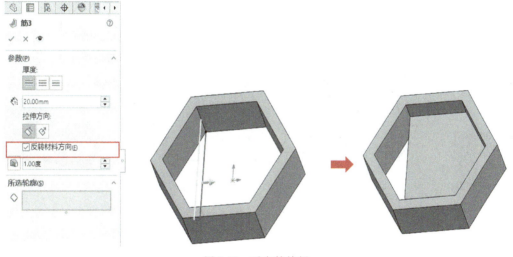

图 5-37 反向筋特征

任务 5.2 套筒的设计

【知识目标】

通过本任务的学习，使读者能熟练掌握拉伸凸台/基体、拉伸切除、圆周阵列、旋转切除等命令的应用与操作方法。

【技能目标】

能运用特征建模命令完成套筒零件的三维造型设计。

【素质目标】

培养爱岗敬业、遵纪守法的职业素养；培养互帮互助、团队协作的优良品质；培养一丝不苟、精益求精的工匠精神。

【任务布置】

根据已知套筒零件图样，精确地完成其三维造型设计，如图 5-38 所示。

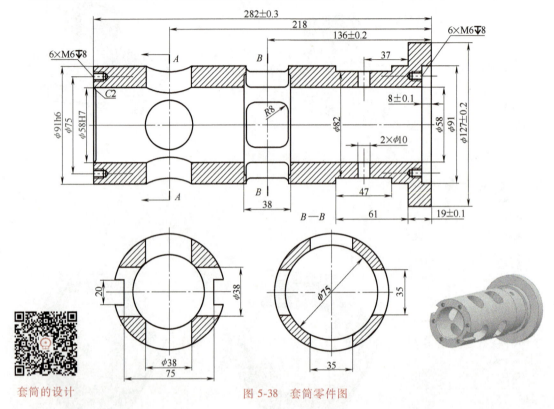

套筒的设计

图 5-38 套筒零件图

【任务实施】

1）新建文件。启动 SolidWorks 2022 软件，单击工具栏中的"新建"按钮，系统弹出"新建 SolidWorks 文件"对话框，在"模板"选项卡中选择"零件"选项，单击"确定"按钮。

2）在模型树上选择"上视基准面"，单击"草图绘制"按钮，进入草图绘制环境，绘制图 5-39 所示的草图。

3）单击"特征"工具栏中的"拉伸凸台/基体"按钮，系统弹出"凸台-拉伸"属性管理器，在"终止条件"下拉列表中选择"给定深度"选项，在"深度"文本框内输入"263"，单击"确定"按钮，结果如图 5-40 所示。

4）单击圆柱体底面，绘制图 5-41 所示的草图。单击"特征"工具栏中的"拉伸凸台/基体"按钮，系统弹出"凸台-拉伸"属性管理器，在"终止条件"下拉列表中选择"给定深度"选项，在"深度"文本框内输入"19"，单击"确定"按钮，结果如图 5-42 所示。

项目5 套类零件的设计

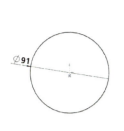

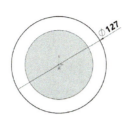

图5-39 绘制 φ91mm 圆　　图5-40 创建 φ91mm 圆柱　　图5-41 绘制 φ127mm 圆　　图5-42 创建 φ127mm 圆柱

5）单击圆柱体底面，绘制图 5-43 所示的草图。单击"特征"工具栏中的"拉伸切除"按钮，系统弹出"切除-拉伸"属性管理器，在"终止条件"下拉列表中选择"成形到下一面"选项，单击"确定"按钮 ✓，结果如图 5-44 所示。

6）单击直径为 127mm 的圆柱底面，绘制图 5-45 所示的草图。单击"特征"工具栏中的"拉伸切除"按钮，系统弹出"切除-拉伸"属性管理器，在"终止条件"下拉列表中选择"给定深度"选项，"深度"输入 8mm，单击"确定"按钮 ✓，结果如图 5-46 所示。

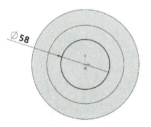

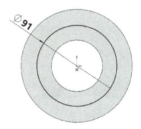

图5-43 绘制 φ58mm 圆　　图5-44 拉伸切除结果　　图5-45 绘制 φ91mm 圆　　图5-46 拉伸切除结果

7）单击"上视基准面"，单击"正视"按钮，绘制图 5-47 所示的草图。单击"特征"工具栏中的"拉伸切除"按钮，系统弹出"切除-拉伸"属性管理器，在"终止条件"下拉列表中选择"给定深度"选项，"深度"输入 100mm，单击"确定"按钮 ✓，结果如图 5-48 所示。

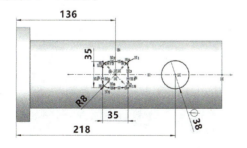
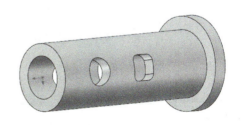

图5-47 绘制圆形及正方形草图　　　　图5-48 拉伸切除结果

8）单击"参考几何体"中的"基准轴"命令，选择圆柱表面建立零件基准轴。

9）单击"插入"→"阵列/镜像"→"圆周阵列"命令，"阵列轴"选择零件基准轴，选择"等间距","角度"为90°,"数量"为2,"特征和面"选择步骤7)中拉伸切除特征,单击"确定"按钮 ✓,结果如图5-49所示。

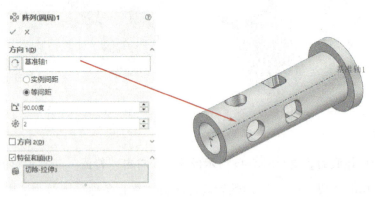

图5-49　阵列结果

10)单击"上视基准面",单击"正视"按钮,绘制图5-50所示的草图。单击"特征"工具栏中的"旋转切除"按钮,系统弹出"切除-旋转"属性管理器,"旋转轴"选择基准轴,"角度"输入360°,单击"确定"按钮 ✓,结果如图5-51所示。

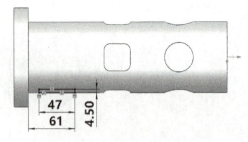

图5-50　绘制旋转切除草图

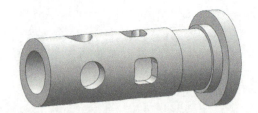

图5-51　旋转切除结果

11)单击"上视基准面",单击"正视"按钮,绘制图5-52所示的草图。单击"特征"工具栏中的"拉伸切除"按钮,系统弹出"切除-拉伸"属性管理器,在"终止条件"下拉列表中选择"两侧对称"选项,"深度"输入100mm,单击"确定"按钮 ✓,结果如图5-53所示。

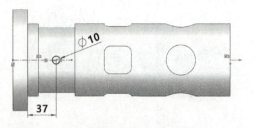

图5-52　绘制φ10mm圆形草图

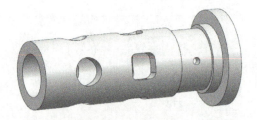

图5-53　拉伸切除结果

12)单击选择直径为91mm的圆柱端面,单击"正视"按钮,绘制图5-54所示的草图,草图上下边线设置为与中心线对称几何关系。

13）单击"特征"工具栏中的"拉伸切除"按钮，系统弹出"切除-拉伸"属性管理器，在"终止条件"下拉列表中选择"成形到下一面"选项，单击"确定"按钮，结果如图 5-55 所示。

14）单击"插入"→"阵列/镜像"→"镜像"命令，系统弹出"镜像"属性管理器，"镜像面"选择上视基准面，"要镜像的特征"选择步骤 13）中的拉伸切除特征，单击"确定"按钮，结果如图 5-56 所示。

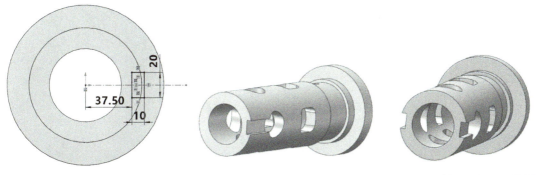

图 5-54 绘制矩形草图　　图 5-55 拉伸切除结果　　图 5-56 拉伸切除特征镜像结果

15）单击选择直径为 91mm 的圆柱端面，单击"正视"按钮，单击"异型孔"命令，"孔类型"选择"底部螺纹孔"，如图 5-57 所示；"大小"选择"M6"，"终止条件"选择"给定深度"，"深度"设置为 8mm，如图 5-58 所示。

图 5-57 选择孔类型

图 5-58 选择孔大小及深度

16）单击"异型孔向导"→"位置"选项，在圆柱端面单击放置螺纹孔，并用中心线辅助，确定螺纹孔准确位置，如图 5-59 所示，单击"确定"按钮，结果如图 5-60 所示。

17）单击"圆周阵列"命令，"阵列轴"选择零件基准轴，选择"等间距"，"角度"为 360°，"数量"为 6，"特征和面"选择步骤 16）创建的螺纹孔，结果如图 5-61 所示。

18）单击"参考几何体"右侧下拉选项，选择"基准面"命令，"第一参考"选择直径为91mm的圆柱端面,"距离"设置为137mm,如图5-62所示,单击"确定"按钮完成基准面1创建,此面将作为镜像零件另一侧螺纹孔的镜像面。

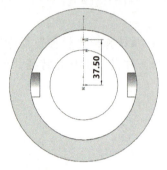

图 5-59 标注螺纹孔位置

图 5-60 螺纹孔成形结果

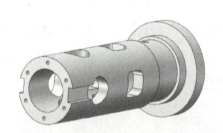

图 5-61 螺纹孔阵列结果

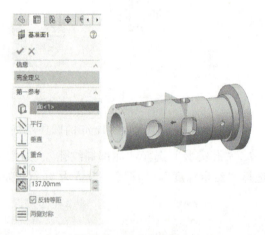

图 5-62 创建基准面 1

19)单击"线性阵列"右侧下拉选项中的"镜像"命令，"镜像面"选择"基准面1"，"要镜像的特征"选择步骤17)创建的螺纹孔，如图5-63所示，单击"确定"按钮，完成镜像，即完成整个套筒零件建模，如图5-64所示。

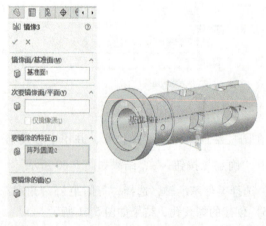

图 5-63 镜像螺纹孔

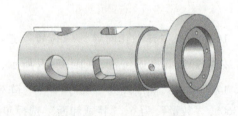

图 5-64 套筒零件

项目5 套类零件的设计

【知识链接】

1. 简单直孔

选择"插入"→"特征"→"简单直孔"菜单命令或单击"特征"工具栏中的"简单直孔"按钮,系统弹出图5-65所示的"孔"属性管理器。在图形零件中选择要生成简单直孔特征的平面,此时"孔"属性管理器如图5-66所示,并在右边的图形区域中显示生成的孔特征。下面具体介绍各项参数设置。

1)"从"选项组:下拉列表中的选项可以设定简单直孔特征的开始条件,这些条件包括以下几种。

① "草图基准面"选项:从草图所处的同一基准面开始创建简单直孔。

② "曲面/面/基准面"选项:从这些实体之一开始创建简单直孔。使用该选项创建孔特征时,需要为"曲面/面/基准面"选择一个有效实体。

③ "顶点"选项:从所选择的顶点处开始创建简单直孔。

④ "等距"选项:从与当前草图基准面等距的基准面开始创建简单直孔。使用该选项创建孔特征时,需要输入等距值。

图5-65 "孔"属性管理器(一)

图5-66 "孔"属性管理器(二)

2)"方向1"选项组中各选项的含义如下。

① "终止类型"选项:设定简单直孔终止条件,包括以下几种。

a. "给定深度"选项:从草图的基准面拉伸特征到特定距离,以生成特征。选择该选项,需要输入深度值,如图5-67所示。

b. "完全贯穿"选项:从草图的基准面拉伸特征直到贯穿所有现有的几何体,如图5-68所示。

c. "成形到下一面"选项:从草图的基准面拉伸特征到下一面,以生成特征,如图5-69所示。

d. "成形到一顶点"选项:从草图的基准面拉伸特征到一个平面,这个平面平行于草图基准面且穿越指定的顶点,如图5-70所示。

e. "成形到一面"选项:从草图的基准面拉伸特征到所选的曲面,以生成特征,如图5-71所示。

图 5-67　给定深度

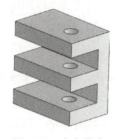

图 5-68　完全贯穿

图 5-69　成形到下一面

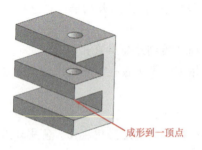

图 5-70　成形到一顶点

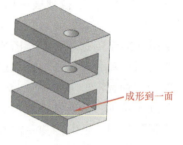

图 5-71　成形到一面

f. "到离指定面指定的距离"选项：从草图的基准面拉伸特征到距某面特定距离的位置，以生成特征，如图 5-72 所示。

② "拉伸方向"选项 ⤢：用来设置除垂直于草图轮廓以外的其他方向拉伸孔。

③ "深度"选项：用来设置孔的深度。

④ "孔直径"选项：输入孔的直径，确定孔的大小。

图 5-72　到离指定面指定的距离

⑤ "拔模"选项：用来设置拔模的角度。

⑥ "向外拔模"选项：勾选此复选框，表示生成一向外拔模角度。

2. 异型孔向导

选择"插入"→"特征"→"孔向导"菜单命令或单击"特征"工具栏中的"异型孔向导"按钮，系统弹出图 5-73 所示的"孔规格"属性管理器。"孔规格"属性管理器中有"类型"和"位置"两个选项卡。"类型"选项卡：设定各种孔的类型参数。"位置"选项卡：在平面或非平面上找出异型孔，使用尺寸和其他草图工具来定位孔中心。根据具体的结构和作用不同，异型孔向导分为柱形沉头孔、锥形沉头孔、孔、直螺纹孔、锥形螺纹孔、旧制孔、柱孔槽口、锥孔槽口和槽口 9 种。下面具体介绍各种异型孔向导的操作步骤。

1) 柱形沉头孔：在零件上生成柱形沉头孔特征。

① "标准"选项：选择与柱形沉头孔连接的紧固件标准，如 DIN、GB、IS、ISO、KS、JIS 等。

② "类型"选项：选择与柱形沉头孔对应紧固件的螺栓类型，如六角头螺栓、内六角圆柱头螺钉、内六角花形圆柱头螺钉、开槽圆柱头螺钉等。一旦选择了紧固件的螺栓类型，异

型孔向导会立即更新对应参数栏中的项目。

③ "大小"选项：选择柱形沉头孔对应紧固件的尺寸，如 M1.6～M64 等。

④ "套合"选项：用来为扣件选择套合。分关闭、正常和松弛三种，分别对应柱形沉头孔与对应的紧固件配合较紧、正常范围和配合较松散。

⑤ "显示自定义大小"选项：勾选该复选框，可以自己设定孔的相关参数。

⑥ "终止条件"选项组：选择对应的参数中孔的终止条件，包括给定深度、完全贯穿、成形到下一面、成形到一顶点、成形到一面、到离指定面指定的距离。

⑦ "选项"选项组：设置各参数，包括以下几种。

图 5-73 "孔规格"属性管理器

a. "螺钉间隙"选项：设定头间隙值，将使用文档单位把该值添加到扣件尺寸上。

b. "近端锥孔"选项：用于设置近端口的直径和角度。

c. "螺钉下锥孔"选项：用于设置端口底端的直径和角度。

d. "远端锥孔"选项：用于设置远端处的直径和角度。

设置好柱形沉头孔的参数后，单击"位置"选项卡，系统弹出图 5-74 所示的"孔位置"属性管理器。这时选择一个面作为孔的放置面后进入草图环境，用鼠标拖动孔的中心到零件大致位置，再通过"智能尺寸"标注孔的尺寸，最后单击"确定"按钮，即可完成孔的生成和定位，如图 5-75 所示。

图 5-74 "孔位置"属性管理器

图 5-75 生成柱形沉头孔

2) 锥形沉头孔：在零件上生成锥形沉头孔特征。其操作步骤与柱形沉头孔基本相同，这里不再阐述。

3) 孔：孔特征的操作过程与柱形沉头孔、锥形沉头孔一样。

4) 直螺纹孔：在零件上生成直螺纹孔特征。

① "标准"选项：选择与直螺纹孔连接的紧固件标准，如 DIN、GB、ISO 等。

② "类型"选项：包括底部螺纹孔、直管螺纹孔、螺纹孔。

③ "大小"选项：选择螺纹的型号，如 M1.2×0.25～M64 等。

④ "终止条件"选项组：在对应参数中设置螺纹孔的深度。在"螺纹线"选项对应的参数中设置螺纹线的深度，注意按 ISO 标准，螺纹线的深度要比螺纹孔的深度至少小 4.5mm。

⑤ "选项"选项组：选择"装饰螺纹线"选项对应的参数，可以选择"带螺纹线标准"或"无螺纹线标准"。

设置好直螺纹孔的参数后，单击"位置"选项卡，系统弹出图 5-76 所示的"孔位置"属性管理器。这时选择一个面作为孔的放置面后进入草图环境，用鼠标拖动孔的中心到零件大致位置，再通过"智能尺寸"标注孔的尺寸，最后单击"确定"按钮，即可完成孔的生成和定位，如图 5-77 所示。

图 5-76　"孔位置"属性管理器

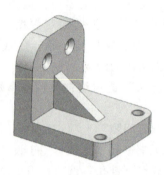

图 5-77　生成直螺纹孔

5）锥形螺纹孔：锥形螺纹孔特征的操作步骤与直螺纹孔相似。

6）旧制孔：利用"旧制孔"选项可以编辑任何在 SolidWorks 2000 之前版本中生成的孔，该选项卡中所示信息均以原来生成孔时的同一格式显示。

7）柱孔槽口：其参数设置与柱形沉头孔特征基本相同，只是多了"槽长度"文本框，用来设置槽口长度。

8）锥孔槽口：其参数设置与锥形沉头孔特征基本相同，只是多了"槽长度"文本框，用来设置槽口长度。

9）槽口：其参数设置与孔特征基本相同，只是多了"槽长度"文本框，用来设置槽口长度。

技巧点拨：螺纹孔用"异型孔向导"命令操作，做出的仅仅是孔的大小；若要修饰螺纹，则单击"插入"→"注释"→"修饰螺纹线"命令。

技能拓展训练题

【拓展任务】

在 SolidWorks 中创建图 5-78 和图 5-79 所示的企业典型零件三维实体模型。

项目5 套类零件的设计

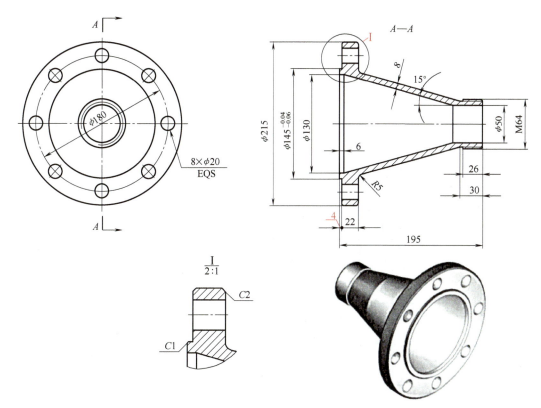

图 5-78 喷嘴

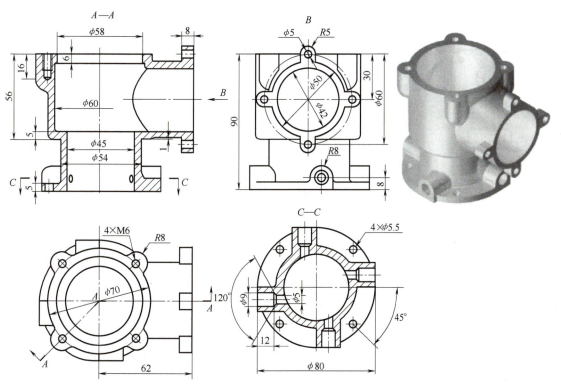

图 5-79 三通接头

【任务评价】

任务评价单

专业：_____　　班级：_____　　姓名：_____　　组别：_____

评价内容	评价标准	评价分值	自我评价（50%）	小组互评（20%）	教师评价（30%）
识图能力	正确读懂图样	30分			
知识点应用情况	关键知识点内化	20分			
操作熟练程度	三维建模快速、准确	15分			
小组协作精神	相互交流、讨论，确定设计思路	10分			
课堂纪律	认真思考、刻苦钻研	10分			
学习主动性	学习意识增强、精益求精、敢于创新	15分			
	小计	100分			
	总评				

小组组长签字：_____　　任课教师签字：_____

项目6

盖类零件的设计

盖类零件通常起支承和导向作用，有的还有密封或防尘等作用。盖类零件的主体一般由多个同轴的回转体，或由一长方体与几个同轴的回转体组成。此外，在主体上常有沿圆周方向均匀分布的凸缘、肋条、光孔或螺纹孔、销孔等局部结构。盖类零件一般采用铸造成形后车削或铣削加工完成。本项目主要介绍传动箱盖和密封压盖零件三维造型设计的一般方法与应用技巧。

任务 6.1 传动箱盖的设计

【知识目标】

通过本任务的学习，使读者能熟练掌握旋转凸台/基体、拉伸切除、筋、倒角等命令的应用与操作方法。

【技能目标】

能运用特征建模命令完成传动箱盖零件的三维造型设计。

【素质目标】

培养爱岗敬业、遵纪守法的职业素养；培养互帮互助、团队协作的优良品质；培养一丝不苟、精益求精的工匠精神。

【任务布置】

根据已知传动箱盖零件图样，精确地完成其三维造型设计，如图 6-1 所示。

【任务实施】

1）新建文件。启动 SolidWorks 2022 软件，单击工具栏中的"新建"按钮，系统弹出"新建 SolidWorks 文件"对话框，在"模板"选项卡中选择"零件"选项，单击"确定"按钮。

2）在模型树上选择"前视基准面"，单击"草图绘制"按钮，进入草图绘制环境，根据零件图样绘制零件截面一半草图及中心线，如图 6-2 所示。

3）单击"特征"工具栏中的"旋转凸台/基体"按钮，系统弹出"旋转"属性管理器,"旋转轴"选择草图中心线,"角度"输入360°,单击"确定"按钮 ✓,旋转成形结果如图6-3所示。

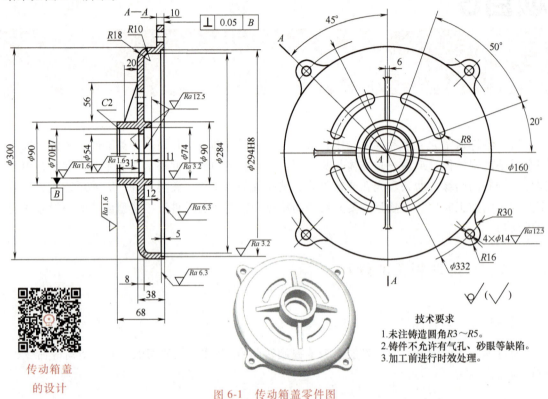

图6-1 传动箱盖零件图

4)单击"圆角"工具分别对盖体内外两边线倒圆角,外侧边线圆角半径为18mm,内侧圆角半径为10mm,结果如图6-4和图6-5所示。

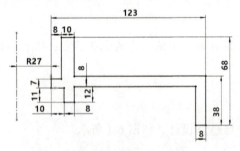

图6-2 零件截面一半草图

图6-3 旋转成形结果

图6-4 外侧边线倒圆角

图6-5 内侧边线倒圆角

5）单击"前视基准面",单击"正视"按钮，绘制图6-6所示直线草图。单击"筋"命令，"厚度"选择"两边",数值输入6mm,"拉伸方向"选择"平行于草图",勾选"反转材料方向",单击"确定"按钮，筋成形结果如图6-7所示。

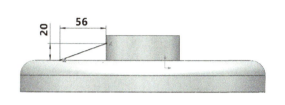

图6-6 "筋"草图

图6-7 筋成形结果

6）单击选择盖体上表面,依据零件图样,使用中心线及"中心点圆弧槽口"命令,绘制图6-8所示弧形草图。单击"特征"工具栏中的"拉伸切除"按钮，系统弹出"切除-拉伸"属性管理器,在"终止条件"下拉列表中选择"成形到下一面"选项,单击"确定"按钮，结果如图6-9所示。

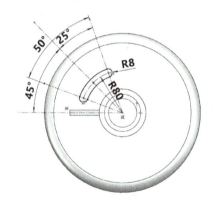

图6-8 绘制圆弧槽口草图

图6-9 圆弧槽口拉伸切除结果

7）单击"参考几何体"工具右侧下拉选项,选择"基准轴"命令,弹出"基准轴"属性管理器,"参考实体"选择盖体最外侧圆柱面,单击"确定"按钮，完成盖体基准轴创建,如图6-10所示。单击"插入"→"阵列/镜像"→"圆周阵列"命令，"阵列轴"选择零件基准轴,选择"等间距","角度"为360°,"数量"为4,"特征和面"选择"筋"与"圆弧槽口"特征,单击"确定"按钮，结果如图6-11所示。

8）单击选择端盖背侧圆环端面,单击"正视"按钮，绘制图6-12所示的草图。单击"特征"工具栏中的"拉伸切除"按钮，系统弹出"切除-拉伸"属性管理器,在"终止条件"下拉列表中选择"给定深度"选项,"深度"输入5mm,单击"确定"按钮，结果如图6-13所示。

9）单击选择端盖背侧圆环端面,单击"正视"按钮，绘制图6-14所示安装孔座草图。单击"特征"工具栏中的"拉伸凸台/基体"按钮,系统弹出"凸台-拉伸"属性管理器,在"终止条件"下拉列表中选择"给定深度"选项,在"深度"文本框内输入10mm,单击"确定"按钮,结果如图6-15所示。

图 6-10 创建基准轴

图 6-11 阵列结果

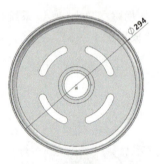

图 6-12 绘制 φ294mm 圆

图 6-13 拉伸切除结果

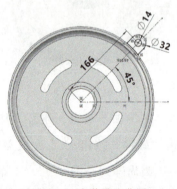

图 6-14 安装孔座草图

图 6-15 安装孔座拉伸结果

10)单击"圆角"命令,选择安装孔座两侧边线,"半径"输入30mm,如图6-16所示,单击"确定"按钮,完成倒圆角操作,如图6-17所示。

11)单击"插入"→"阵列/镜像"→"圆周阵列"命令,"阵列轴"选择零件基准轴,选择"等间距","角度"为360°,"数量"为4,"特征和面"选择步骤9)创建的安装孔座特征与步骤10)创建的倒圆角特征,单击"确定"按钮,结果如图6-18所示,即完成传动箱盖零件建模。

项目6　盖类零件的设计

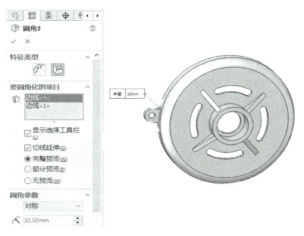

图 6-16　倒圆角设置

图 6-17　倒圆角结果

图 6-18　传动箱盖零件

【知识链接】

镜像

选择"插入"→"阵列/镜像"→"镜像"菜单命令或单击"特征"工具栏中的"镜像"按钮，系统弹出图 6-19 所示的"镜像"属性管理器。下面具体介绍各项参数设置。

1)"镜像面/基准面"选项：选取一个面作为镜像平面，可以拾取零件表面，也可以选择基准面。

2)"次要镜像面/平面"选项：方便多次镜像特征，如图 6-20 所示。

3)"要镜像的特征"选项：选取要镜像的特征。

4)"要镜像的面"选项：拾取要镜像的面，镜像的结果也是生成面或面的组合，不生成实体。

5)"要镜像的实体"选项：在图形区域单击选择要镜像的实体。与"要镜像的特征"的区别在于，"要镜像的实体"一次选择的是所有合并的特征组合，不能单独选取某一个特征。

图 6-19　"镜像"属性管理器

109

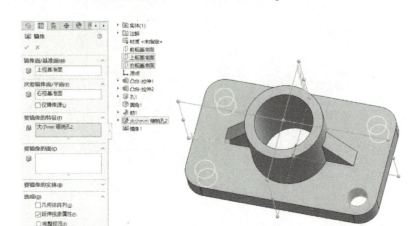

图 6-20　镜像特征

6)"选项"选项组中各选项的含义如下。

① "几何体阵列"选项：只阵列生成几何体外观，不形成特征。复杂的特征复制时，系统会进行大量计算，速度缓慢。而只阵列几何体使镜像生成速度加快。

② "延伸视象属性"选项：将源实体的外观属性应用到复制体上。

③ "完整预览"选项：显示所有特征的镜像预览。

④ "部分预览"选项：只显示一个特征的镜像预览。

任务 6.2　密封压盖的设计

【知识目标】

通过本任务的学习，使读者能熟练掌握拉伸凸台/基体、拉伸切除、圆周阵列等命令的应用与操作方法。

【技能目标】

能运用特征建模命令完成密封压盖的三维造型设计。

【素质目标】

培养爱岗敬业、遵纪守法的职业素养；培养互帮互助、团队协作的优良品质；培养一丝不苟、精益求精的工匠精神。

【任务布置】

根据已知密封压盖零件图样，精确地完成其三维造型设计，如图 6-21 所示。

【任务实施】

1) 新建文件。启动 SolidWorks 2022 软件，单击工具栏中的"新建"按钮，系统弹

项目6 盖类零件的设计

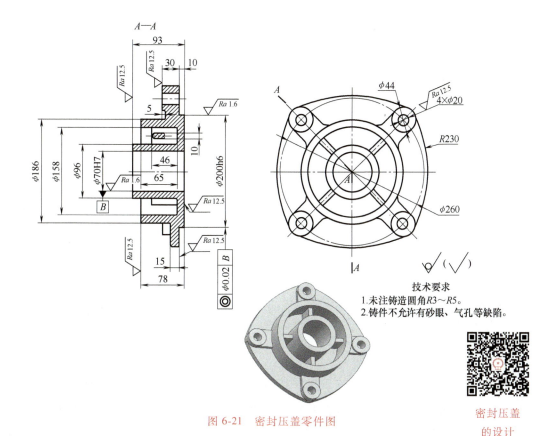

图 6-21 密封压盖零件图

密封压盖的设计

出"新建 SolidWorks 文件"对话框,在"模板"选项卡中选择"零件"选项,单击"确定"按钮。

2)在模型树上选择"上视基准面",单击"草图绘制"按钮,进入草图绘制环境,参照零件图样使用中心线、三点圆弧命令等绘制图 6-22 所示的草图。

3)单击"特征"工具栏中的"拉伸凸台/基体"按钮,系统弹出"凸台-拉伸"属性管理器,在"终止条件"下拉列表中选择"给定深度"选项,在"深度"文本框内输入"15",单击"确定"按钮,结果如图 6-23 所示。

4)单击选择步骤3)所创建拉伸特征的一底面,单击"正视"按钮,绘制图 6-24

图 6-22 绘制草图

图 6-23 拉伸结果

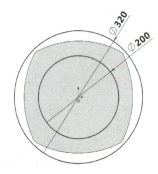

图 6-24 绘制同心圆草图

所示两同心圆草图，直径分别为 200mm、320mm。单击"特征"工具栏中的"拉伸凸台/基体"按钮，系统弹出"凸台-拉伸"属性管理器，在"终止条件"下拉列表中选择"给定深度"选项，"深度"输入 10mm，单击"确定"按钮 ✓，结果如图 6-25 所示。

5）单击选择步骤 3）所创建拉伸特征的另一底面，单击"正视"按钮，绘制直径为 186mm 的草图，如图 6-26 所示。单击"特征"工具栏中的"拉伸凸台/基体"按钮，系统弹出"凸台-拉伸"属性管理器，在"终止条件"下拉列表中选择"给定深度"选项，在"深度"文本框内输入"68"，单击"确定"按钮 ✓，结果如图 6-27 所示。

图 6-25　拉伸结果

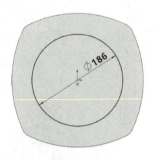
图 6-26　绘制 φ186mm 圆

图 6-27　拉伸结果

6）单击选择圆柱顶面，单击"正视"按钮，绘制直径为 96mm、158mm 的同心圆，如图 6-28 所示。单击"特征"工具栏中的"拉伸切除"按钮，系统弹出"切除-拉伸"属性管理器，在"终止条件"下拉列表中选择"给定深度"选项，"深度"输入 80mm，单击"确定"按钮 ✓，结果如图 6-29 所示。

7）单击选择圆环端面，单击"正视"按钮，绘制两同心圆，直径分别与圆环两圆直径全等，如图 6-30 所示。单击"特征"工具栏中的"拉伸切除"按钮，系统弹出"切除-拉伸"属性管理器，在"终止条件"下拉列表中选择"给定深度"选项，"深度"输入 15mm，单击"确定"按钮 ✓，结果如图 6-31 所示。

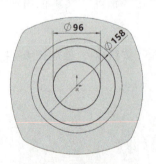
图 6-28　绘制 φ158mm、φ96mm 同心圆

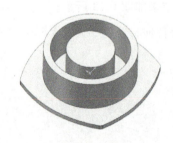
图 6-29　拉伸切除结果

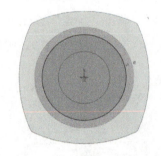
图 6-30　绘制同心圆草图

8）单击选择图 6-32 所示平面，并绘制图中草图，单击"特征"工具栏中的"拉伸凸台/基体"按钮，系统弹出"凸台-拉伸"属性管理器，在"终止条件"下拉列表中选

项目6 盖类零件的设计

择"给定深度"选项,在"深度"文本框内输入10mm,单击"确定"按钮✓,结果如图6-33所示。

图6-31 拉伸切除结果

9)单击选择步骤8)中拉伸特征的上表面,单击"正视"按钮,绘制直径为44mm的草图,如图6-34所示。单击"特征"工具栏中的"拉伸凸台/基体"按钮,系统弹出"凸台-拉伸"属性管理器,在"终止条件"下拉列表中选择"给定深度"选项,在"深度"文本框内输入5mm,单击"确定"按钮✓,结果如图6-35所示。

10)单击选择步骤9)中拉伸圆柱体的上表面,绘制直径为20mm的圆,如图6-36所示。单击"特征"工具栏中的"拉伸切除"按钮,系统弹出"切除-拉伸"属性管理器,在"终止条件"下拉列表中选择"完全贯穿"选项,单击"确定"按钮✓,结果如图6-37所示。

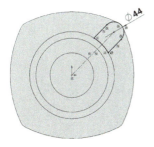

图6-32 绘制草图

图6-33 拉伸结果

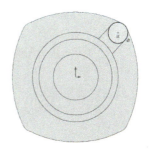

图6-34 绘制φ44mm 圆

图6-35 拉伸结果

图6-36 绘制 φ20mm 圆

图6-37 拉伸切除结果

11)单击"圆角"命令,选择图6-38所示两处边线,"半径"设置为10mm,结果如图6-39所示。

12)单击选择图6-40所示平面,并绘制直径为70mm的圆形草图,单击"特征"工具栏中的"拉伸切除"按钮,系统弹出"切除-拉伸"属性管理器,在"终止条件"下拉列表中选择"完全贯穿"选项,单击"确定"按钮✓,结果如图6-41所示。

13)单击选择图6-42所示平面,并绘制加强筋草图,单击"特征"工具栏中的"拉伸凸台/基体"按钮,系统弹出"凸台-拉伸"属性管理器,在"终止条件"下拉列表中选择"给定深度"选项,在"深度"文本框内输入46mm,单击"确定"按钮✓,结果如

113

图 6-43 所示。

14)单击"参考几何体"→"基准轴"命令,"参考实体"选择步骤 12)中成形的圆柱面,单击"确定"按钮 ✓,基准轴如图 6-44 所示。单击"插入"→"阵列/镜像"→"圆周阵列"命令,"阵列轴"选择零件基准轴,选择"等间距","角度"输入 360°,"数量"输入 4,"特征和面"选择步骤 8)~13)创建的所有特征,单击"确定"按钮 ✓,结果如图 6-45 所示,即完成密封压盖零件建模。

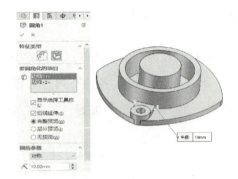

图 6-38 倒圆角设置

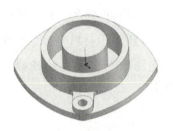

图 6-39 倒圆角结果

图 6-40 绘制 φ70mm 圆

图 6-41 拉伸切除结果

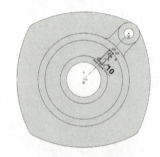

图 6-42 绘制加强筋草图

图 6-43 拉伸结果

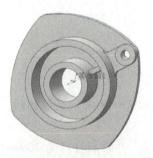

图 6-44 创建基准轴

图 6-45 密封压盖零件

【知识链接】

1. 线性阵列

选择"插入"→"阵列/镜像"→"线性阵列"菜单命令或单击"特征"工具栏中的"线

性阵列"按钮 ，系统弹出图 6-46 所示的"线性阵列"属性管理器。下面具体介绍各项参数设置。

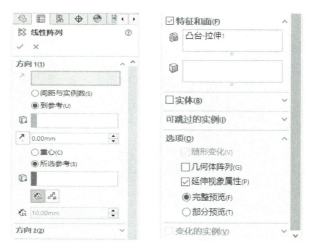

图 6-46 "线性阵列"属性管理器

1)"方向 1"选项组各选项含义如下。
①"阵列方向"选项：设置阵列方向，可以选择线性边线、直线、轴或者尺寸。
②"反向"选项 ：改变阵列方向。
③"间距与实例数"选项：设置阵列实例之间的间距和数量。
④"到参考"选项：设置到参考几何体顶点、边线、面或者基准面，如图 6-47 所示。

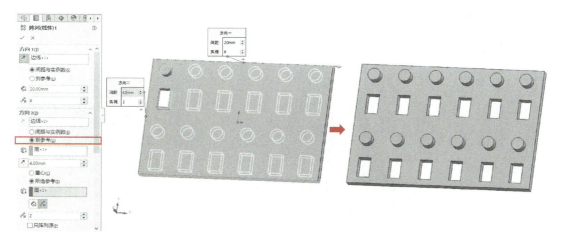

图 6-47 线性阵列

2)"方向 2"选项组中各选项设定与"方向 1"选项组相同，此处不再重复阐述。
"只阵列源"选项：勾选该复选框，只使用阵列源特征，阵列生成的复制体不再阵列，只阵列源的效果如图 6-48 所示。
3)"特征和面"选项组：包括要阵列的特征和面。
①"要阵列的特征"选项 ：可以使用所选择的特征作为源特征，以生成线性阵列。

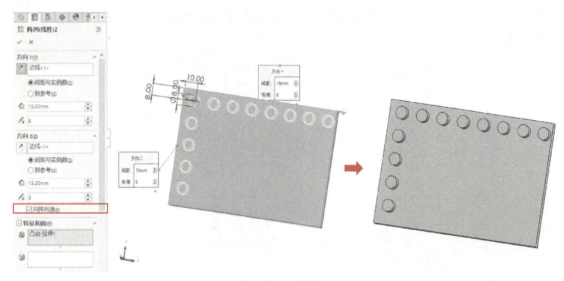

图 6-48 只阵列源

②"要阵列的面"选项 ：可以使用构成源特征的面生成线性阵列。

4)"实体"选项：可以使用在多实体零件中选择的实体生成线性阵列。

5)"可跳过的实例"选项组：可以在生成线性阵列时跳过在图形区域中选择的阵列实例。

6)"选项"选项组各选项的含义如下。

①"随形变化"选项：勾选该复选框，在形成阵列时，完成阵列的几何形状随源特征的几何条件发生变化，如图 6-49 所示。

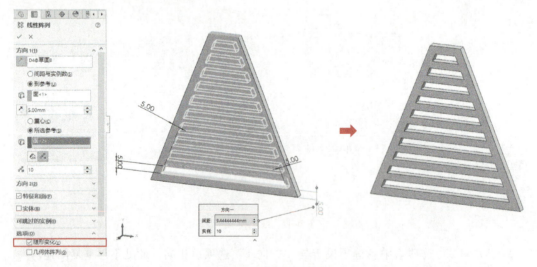

图 6-49 随形变化阵列

②"几何体阵列"选项：勾选该复选框，只阵列生成几何外观，不形成特征。

③"延伸视象属性"选项：勾选该复选框，将 SolidWorks 设置的实体外观效果，如颜色、纹理等，应用到阵列生成的实体上。

项目6 盖类零件的设计

2. 曲线驱动的阵列

选择"插入"→"阵列/镜像"→"曲线驱动的阵列"菜单命令或单击"特征"工具栏中的"曲线驱动的阵列"按钮 ，系统弹出图 6-50 所示的"曲线驱动的阵列"属性管理器。下面具体介绍各项参数设置。

1)"方向 1"选项组各选项含义如下。

①"阵列方向"选项：选择一条曲线，也可以在设计树中选择整个草图作为阵列的路径。

②"反向"选项 ：改变阵列方向。

③"实例数"选项 ：设置要复制的实例个数，此数值包含源阵列。

④"等间距"选项：勾选该复选框，可控制每个复制体间距相等，复制体布满整个曲线，如图 6-51 所示。

图 6-50 "曲线驱动的阵列"属性管理器

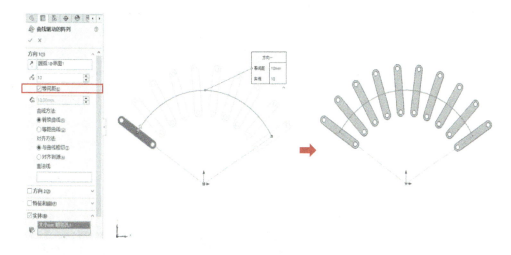

图 6-51 勾选"等间距"阵列

⑤"间距"选项 ：设置每个实体的间距，阵列按指定数量和间距分布，不一定布满整个曲线。只有取消勾选"等间距"复选框，才能设置此项，如图 6-52 所示。

⑥"转换曲线"选项：保持路径原点与源对象的 X、Y 距离相等。

⑦"等距曲线"选项：保持路径与源对象的垂直距离相等，如图 6-53 所示。

⑧"与曲线相切"选项：指阵列特征沿方向与路径相切。

⑨"对齐到源"选项：对齐每个实例以与源特征的原有对齐匹配。

⑩"面法线"选项：选取 3D 曲线（只针对 3D 曲线）所在的面来生成曲线驱动的阵列，如图 6-54 所示。

2) 其他选项组参数设置不再做介绍，可参照线性阵列。

117

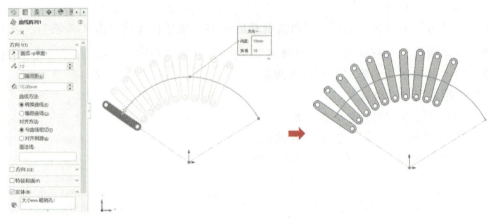

图 6-52 未勾选"等间距"阵列

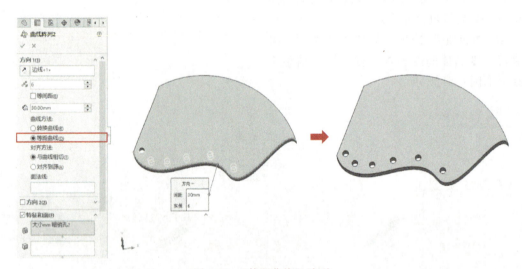

图 6-53 "等距曲线"阵列

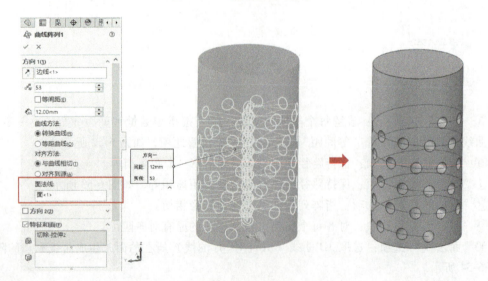

图 6-54 3D 曲线阵列

项目6 盖类零件的设计

3. 由草图驱动的阵列

选择"插入"→"阵列/镜像"→"由草图驱动的阵列"菜单命令或单击"特征"工具栏中的"由草图驱动的阵列"按钮 ，系统弹出图 6-55 所示的"由草图驱动的阵列"属性管理器。下面具体介绍各项参数设置。

1)"选择"选项组各选项的含义如下。

① "参考草图"选项 ：在设计树中选择草图。

② "重心"选项：选择阵列源的重心为参考点,复制体的参考点将与草图重心点重合,如图 6-56 所示。

③ "所选点"选项：在阵列源上选择一个点作为参考点,如图 6-57 所示。

2)其他选项组参数设置不再做介绍。

4. 由表格驱动的阵列

选择"插入"→"阵列/镜像"→"由表格驱动的阵列"菜单命令或单击"特征"工具栏中的"由表格驱动的阵列"按钮 ，

图 6-55 "由草图驱动的阵列"属性管理器

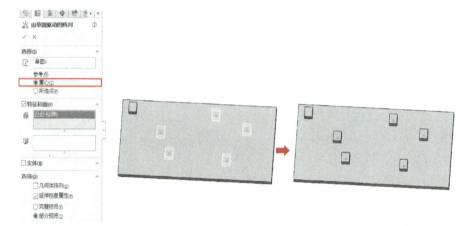

图 6-56 参考点为"重心"阵列

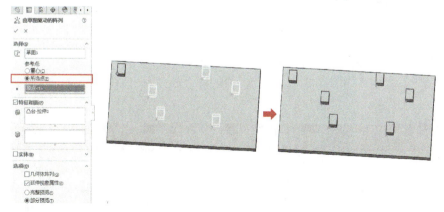

图 6-57 参考点为"所选点"阵列

系统弹出图 6-58 所示的"由表格驱动的阵列"属性管理器。下面具体介绍各项参数设置。

图 6-58 "由表格驱动的阵列"属性管理器

1)"读取文件"选项:选择已经建好的坐标点进行阵列。
2)"坐标系"选项:按照坐标系计算各点坐标值,如图 6-59 所示。

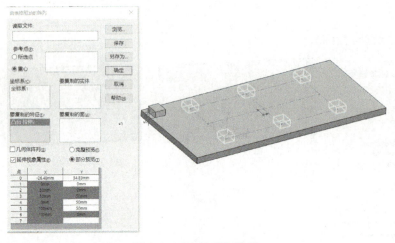

图 6-59 "坐标系"阵列

3)其他选项参数设置不再做介绍。

技能拓展训练题

【拓展任务】

在 SolidWorks 中创建图 6-60 和图 6-61 所示的企业典型零件三维实体模型。

项目6　盖类零件的设计

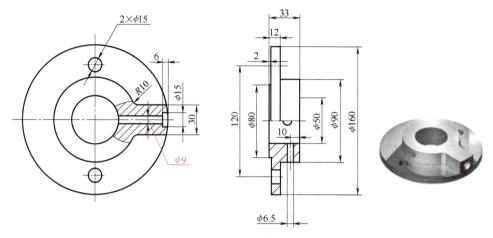

图 6-60　端盖

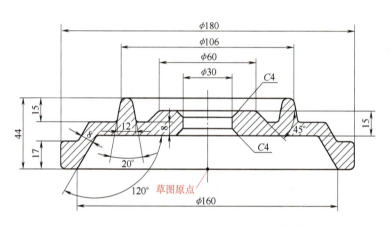

图 6-61　密封盖

【任务评价】

任务评价单

专业：_____　班级：_____　姓名：_____　组别：_____

评价内容	评价标准	评价分值	自我评价（50%）	小组互评（20%）	教师评价（30%）
识图能力	正确读懂图样	30 分			
知识点应用情况	关键知识点内化	20 分			
操作熟练程度	三维建模快速、准确	15 分			
小组协作精神	相互交流、讨论，确定设计思路	10 分			
课堂纪律	认真思考、刻苦钻研	10 分			
学习主动性	学习意识增强、精益求精、敢于创新	15 分			
	小计	100 分			
	总评				

小组组长签字：_____　　　任课教师签字：_____

项目7

箱体类零件的设计

箱体类零件是机器的基础零件之一,它将机器或部件中的轴、套、齿轮等有关零件组装成一个整体,使它们之间保持正确的相互位置,并按照一定的传动关系协调地传递运动或动力。因此,箱体的加工质量将直接影响机器或部件的精度、性能和寿命。常见的箱体类零件有机床主轴箱、机床进给箱、变速箱、减速器箱体、发动机缸体和机座等。箱体类零件的主要特点是形状复杂、壁薄且不均匀、内部呈腔形,加工部位多,加工难度大,既有精度要求较高的孔系和平面,也有许多精度要求较低的紧固孔。本项目主要介绍泵体和变速箱体零件三维造型设计的一般方法与应用技巧。

任务 7.1 泵体的设计

【知识目标】

通过本任务的学习,使读者能熟练掌握拉伸凸台/基体、拉伸切除、阵列等命令的应用与操作方法。

【技能目标】

能运用特征建模命令完成泵体零件的三维造型设计。

【素质目标】

培养爱岗敬业、遵纪守法的职业素养;培养互帮互助、团队协作的优良品质;培养一丝不苟、精益求精的工匠精神。

【任务布置】

根据已知泵体零件图样,精确地完成其三维造型设计,如图 7-1 所示。

【任务实施】

1)新建文件。启动 SolidWorks 2022 软件,单击工具栏中的"新建"按钮 ,系统弹出"新建 SolidWorks 文件"对话框,在"模板"选项卡中选择"零件"选项,单击"确定"按钮。

2)在模型树上选择"前视基准面",单击"草图绘制"按钮 ,进入草图绘制环境,绘制图 7-2 所示的初始草图,然后使用"裁剪"命令 删除多余草图线条,如图 7-3 所示。

项目7　箱体类零件的设计

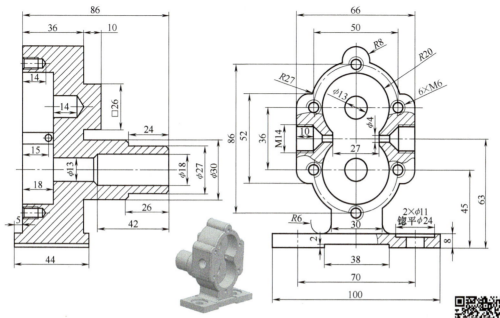

图 7-1　泵体零件图

泵体的设计

单击"特征"工具栏中的"拉伸凸台/基体"按钮，系统弹出"凸台-拉伸"属性管理器，在"终止条件"下拉列表中选择"给定深度"选项，在"深度"文本框内输入36mm，单击"确定"按钮✓，结果如图7-4所示。

图 7-2　初始草图　　　　图 7-3　修剪后的草图　　　　图 7-4　拉伸结果

3）单击选择实体底部平面，单击"正视"按钮↥，绘制图7-5所示底座草图。单击"特征"工具栏中的"拉伸凸台/基体"按钮，系统弹出"凸台-拉伸"属性管理器，在"终止条件"下拉列表中选择"给定深度"选项，在"深度"文本框内输入8mm，单击"确定"按钮✓，结果如图7-6所示。

4）单击选择底座平面，单击"正视"按钮↥，绘制图7-7所示草图。单击"特征"工具栏中的"拉伸切除"按钮，系统弹出"切除-拉伸"属性管理器，在"终止条件"

下拉列表中选择"给定深度"选项,在"深度"文本框内输入 2mm,单击"确定"按钮 ✓ ,结果如图 7-8 所示。

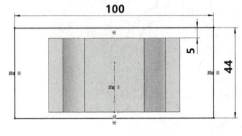

图 7-5 底座草图

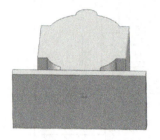

图 7-6 底座拉伸结果

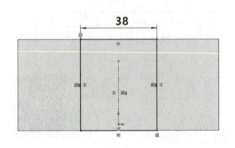

图 7-7 底座切除草图

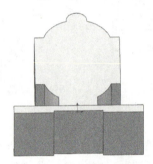

图 7-8 底座拉伸切除结果

5)单击选择泵体正面平面,单击"正视"按钮 ⊥,绘制图 7-9 所示泵腔草图。单击"特征"工具栏中的"拉伸切除"按钮 ⬚,系统弹出"切除-拉伸"属性管理器,在"终止条件"下拉列表中选择"给定深度"选项,在"深度"文本框内输入 18mm,单击"确定"按钮 ✓ ,结果如图 7-10 所示。

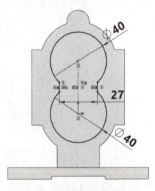

图 7-9 泵腔草图

图 7-10 泵腔拉伸切除结果

6)单击选择泵体背面平面,单击"正视"按钮 ⊥,绘制图 7-11 所示正方形草图。单击"特征"工具栏中的"拉伸凸台/基体"按钮 ⬚,系统弹出"凸台-拉伸"属性管理器,在"终止条件"下拉列表中选择"给定深度"选项,在"深度"文本框内输入 10mm,单击"确定"按钮 ✓ ,结果如图 7-12 所示。

项目7 箱体类零件的设计

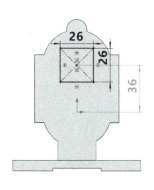

图 7-11　绘制正方形草图

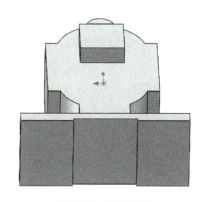

图 7-12　拉伸结果

7）单击选择泵体背面平面，单击"正视"按钮，绘制图 7-13 所示圆形草图。单击"特征"工具栏中的"拉伸凸台/基体"按钮，系统弹出"凸台-拉伸"属性管理器，在"终止条件"下拉列表中选择"给定深度"选项，在"深度"文本框内输入 26mm，单击"确定"按钮，结果如图 7-14 所示。单击圆柱体顶面，绘制 φ27mm 圆草图，拉伸 24mm 得到圆柱体，如图 7-15 所示。

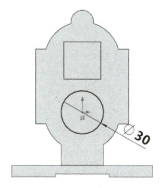

图 7-13　绘制 φ30mm 圆

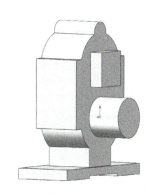

图 7-14　拉伸 φ30mm 圆柱体

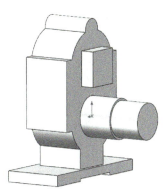

图 7-15　拉伸 φ27mm 圆柱体

8）单击选择泵体正面凹槽底面平面，单击"正视"按钮，单击"特征"工具栏中的"异型孔向导"按钮，"孔类型"选择"孔"，"标准"选择"ISO"，"类型"选择"钻孔大小"，"孔规格大小"选择"φ13"，"深度"填入 14mm。单击"位置"选项卡，将光标移动至上侧圆弧捕捉圆心，在圆心位置单击确定孔位置，如图 7-16 所示。

9）单击选择泵体正面凹槽底面平面，单击"正视"按钮，在下侧圆弧中心位置绘制 φ13mm 圆，如图 7-17 所示。单击"特征"工具栏中的"拉伸切除"按钮，系统弹出"切除-拉伸"属性管理器，在"终止条件"下拉列表中选择"给定深度"选项，"深度"输入 26mm，单击"确定"按钮。

10）单击选择泵体背侧圆柱端面，单击"正视"按钮，在中心位置绘制 φ18mm 圆，如图 7-18 所示。单击"特征"工具栏中的"拉伸切除"按钮，系统弹出"切除-拉伸"

属性管理器，在"终止条件"下拉列表中选择"给定深度"选项，"深度"输入 42mm，单击"确定"按钮 ，结果如图 7-19 所示。

图 7-16　创建 φ13mm 孔　　图 7-17　绘制 φ13mm 圆　　图 7-18　绘制 φ18mm 圆　　图 7-19　切除 φ18mm 孔

11）单击选择泵体正面平面，单击"正视"按钮 ，单击工具栏中的"异型孔向导"按钮 ，"孔类型"选择"直螺纹孔" ，"标准"选择"ISO"，"类型"选择"底部螺纹孔"，"孔规格大小"选择"M6"，"深度"输入 14mm。单击"位置"选项卡，在与上部圆心水平共线位置单击，并标注距圆心 25mm，如图 7-20 所示，单击"确定"按钮 ，结果如图 7-21 所示。

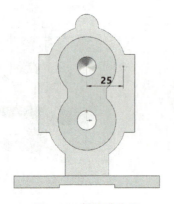 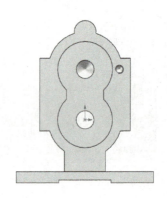

图 7-20　螺纹孔位置　　　　　　　　　　图 7-21　螺纹孔成形结果

12）单击"参考几何体"→"基准轴"命令，"参考实体"选择上侧圆柱面，单击"确定"按钮 ，完成基准轴创建。单击"插入"→"阵列/镜像"→"圆周阵列"命令 ，"阵列轴"选择已创建的基准轴，选择"实例间距"，"角度"输入 90°，"数量"输入 3，"特征和面"选择 M6 螺纹孔，单击"确定"按钮 ，结果如图 7-22 所示。

13）单击"参考几何体"→"基准面"命令，在两圆弧中心位置建立新基准面，参考平面如图 7-23 所示，偏移距离为 26mm。单击"插入"→"阵列/镜像"→"镜像"命令，"镜像面"选择已创建的基准面，"要镜像的特征"选择圆周阵列特征，镜像结果如图 7-24 所示。

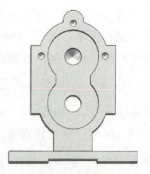

图 7-22　圆周阵列

项目7 箱体类零件的设计

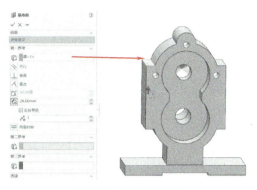

图 7-23 创建基准面

图 7-24 镜像结果

14）单击选择泵体侧面，单击"正视"按钮，单击工具栏中的"异型孔向导"命令，"孔类型"选择"直螺纹孔"，"标准"选择"ISO"，"类型"选择"底部螺纹孔"，"孔规格大小"选择"M14"，"深度"输入10mm。单击"位置"选项卡，在中心位置上侧单击，并标注距边线15mm，单击"确定"按钮，结果如图7-25所示。

15）单击"插入"→"阵列/镜像"→"镜像"命令，"镜像面"选择"右视基准面"，"要镜像的特征"选择 M14 螺纹孔，镜像结果如图 7-26 所示。

16）单击"上视基准面"，单击"正视"按钮，绘制与 M14 螺纹孔同心的圆形草图，直径为 4mm。单击"特征"工具栏中的"拉伸切除"按钮，系统弹出"切除-拉伸"属性管理器，在"终止条件"下拉列表中选择"双侧对称"选项，"深入"输入 50mm，单击"确定"按钮，结果如图 7-27 所示。

图 7-25 创建 M14 螺纹孔

图 7-26 镜像 M14 螺纹孔

图 7-27 切除 φ4mm 孔

17）单击选择底座上表面，按照图 7-28 所示位置绘制 φ11mm 圆形草图。单击"特征"工具栏中的"拉伸切除"按钮，系统弹出"切除-拉伸"属性管理器，在"终止条件"下拉列表中选择"完全贯穿"选项，单击"确定"按钮，结果如图 7-29 所示。继续在底座上表面绘制 φ24mm 圆形草图，且与 φ11mm 圆同心。单击"特征"工具栏中的"拉伸切除"按钮，系统弹出"切除-拉伸"属性管理器，在"终止条件"下拉列表中选择"给定深度"选项，"深度"设置为 2mm，单击"确定"按钮，结果如图 7-30 所示。

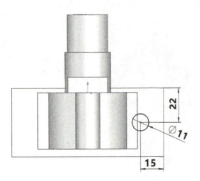

图 7-28　绘制 φ11mm 圆

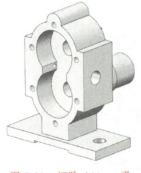

图 7-29　切除 φ11mm 孔

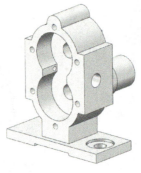

图 7-30　切除 φ24mm 沉孔

18）单击"插入"→"阵列/镜像"→"镜像"命令，"镜像面"选择"右视基准面"，"要镜像的特征"选择 φ11mm 孔与 φ24mm 沉头孔，镜像结果如图 7-31 所示。

19）单击"圆角"工具对泵体两侧面上下边线和底座两边线分别倒圆角，半径分别为 8mm、6mm，结果如图 7-32 所示，即完成泵体零件建模。

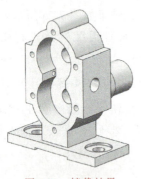

图 7-31　镜像结果

图 7-32　泵体零件

技巧点拨：如果建模过程中某特征尺寸输入错误，则可直接双击该特征，再双击对应尺寸即可更改，不必再进入特征或草图更改。

【知识链接】

1. 圆顶

选择"插入"→"特征"→"圆顶"菜单命令或单击"特征"工具栏中的"圆顶"按钮，系统弹出图 7-33 所示的"圆顶"属性管理器。下面具体介绍各项参数设置。

1）"到圆顶的面"选项：在绘图区为圆顶特征选择一个面或多个面。

2）"距离"选项：设定圆顶扩展的距离，如图 7-34 所示。

3）"反向"选项：改变圆顶方向，如图 7-35 所示。

4）"约束点或草图"选项：通过选择草图或点来约束圆顶面，如图 7-36 所示。

5）"方向"选项：通过在图形区域选择一方向向量，以

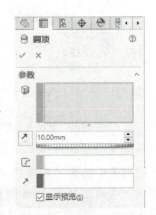

图 7-33　"圆顶"属性管理器

项目7 箱体类零件的设计

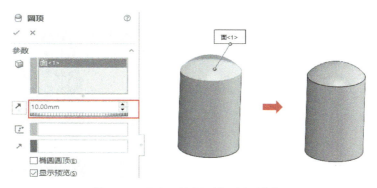

图 7-34 通过"距离"设置圆顶特征

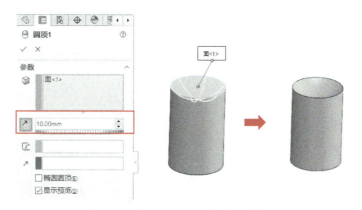

图 7-35 通过"反向"设置圆顶特征

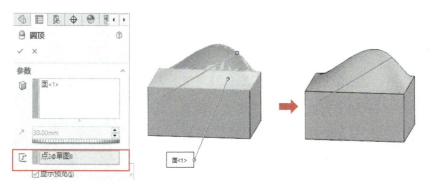

图 7-36 通过"约束点或草图"设置圆顶特征

垂直于基础面以外的方向拉伸圆顶。

6)"椭圆圆顶"选项：勾选该复选框，可以生成椭圆形的圆顶，如图 7-37 所示。

技巧点拨：如果要使圆顶与圆柱面、圆锥面等相切，只需在"距离"选项中输入 0 即可，如图 7-38 所示。

2. 包覆

选择"插入"→"特征"→"包覆"菜单命令或单击"特征"工具栏中的"包覆"按钮 ，选择要包覆的草图（闭合轮廓），系统弹出图 7-39 所示的"包覆 1"属性管理器。下面具体介绍各项参数设置。

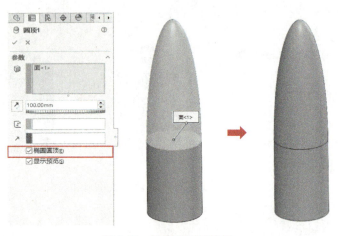

图 7-37 椭圆形圆顶特征

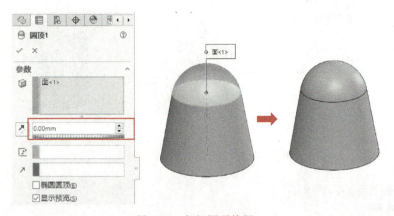

图 7-38 相切圆顶特征

1）包覆类型：包括浮雕、蚀雕和刻划三种，如图 7-40 所示。

① "浮雕" 选项：相当于 "拉伸凸台" 命令。

② "蚀雕" 选项：相当于 "拉伸切除" 命令。

③ "刻划" 选项：相当于 "分割线" 命令。

2）包覆方法：包括分析和样条曲面两种。

① "分析" 选项：如果是平面或圆柱面，则使用分析方法。

② "样条曲面" 选项：如果是曲面或斜面，则使用样条曲面方法。

3）包覆参数选项组各选项的含义如下。

① "包覆草图" 选项：要包覆的草图只可包含多个闭合轮廓，不能由包含任何开放性轮廓的草图生成包覆特征。

② "包覆草图的面" 选项：选择要包覆的面，可以是平

图 7-39 "包覆 1"
属性管理器

项目7　箱体类零件的设计

a) 浮雕　　　　　　　　b) 蚀雕　　　　　　　　c) 刻划

图 7-40　浮雕、蚀雕和刻划三种类型

面、曲面等。

③"厚度"选项 ：设置厚度值。

4)"拔模方向"选项 ：用来确定浮雕、蚀雕和刻划的方向。

任务 7.2　变速箱体的设计

【知识目标】

通过本任务的学习，使读者能熟练掌握拉伸凸台/基体、抽壳、拉伸切除、圆周阵列等命令的应用与操作方法。

【技能目标】

能运用特征建模命令完成变速箱体零件的三维造型设计。

【素质目标】

培养爱岗敬业、遵纪守法的职业素养；培养互帮互助、团队协作的优良品质；培养一丝不苟、精益求精的工匠精神。

【任务布置】

根据已知变速箱体零件图样，精确地完成其三维造型设计，如图 7-41 所示。

【任务实施】

1）新建文件。启动 SolidWorks 2022 软件，单击工具栏中的"新建"按钮 ，系统弹出"新建 SolidWorks 文件"对话框，在"模板"选项卡中选择"零件"选项，单击"确定"按钮。

2）在模型树上选择"上视基准面"，单击"草图绘制"按钮 ，进入草图绘制环境，绘制图 7-42 所示的初始草图，用"裁剪"命令删除多余线条，得到图 7-43 所示草图。

3）单击"特征"工具栏中的"拉伸凸台/基体"按钮 ，系统弹出"凸台-拉伸"属性管理器，在"终止条件"下拉列表中选择"给定深度"选项，在"深度"文本框内输入76mm，单击"确定"按钮 ，结果如图 7-44 所示。

4）单击"特征"工具栏中的"抽壳"按钮 ，"厚度"设置为 8mm，"移除的面"

131

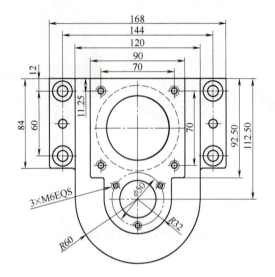
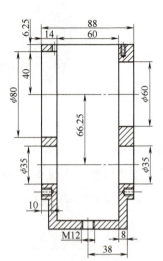
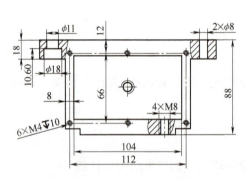

变速箱体
的设计

图 7-41 变速箱体零件图

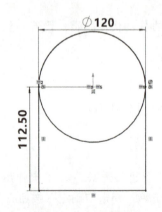
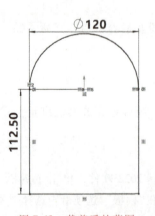

图 7-42 初始草图　　　图 7-43 裁剪后的草图　　　图 7-44 拉伸结果

选择实体底面，其他为默认设置，如图 7-45 所示，结果如图 7-46 所示。

5) 单击选择抽壳实体正面，单击"正视"按钮，依据零件图样绘制图 7-47 所示草图，使用"裁剪"命令删除多余线条，如图 7-48 所示。

6) 单击"特征"工具栏中的"拉伸凸台/基体"按钮，系统弹出"凸台-拉伸"属性管理器，在"终止条件"下拉列表中选择"给定深度"选项，在"深度"文本框内输入

项目7 箱体类零件的设计

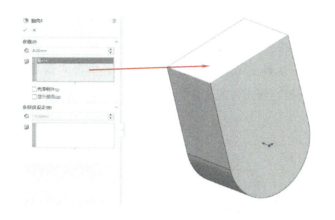

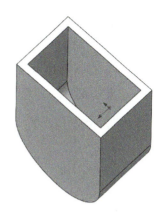

图 7-45 抽壳操作　　　　　　　　　　　图 7-46 抽壳结果

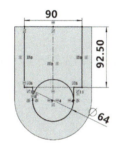

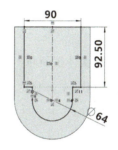

图 7-47 绘制正面草图　　　　　　　　　图 7-48 裁剪后的正面草图

6mm，单击"确定"按钮 ✓，结果如图 7-49 所示。

7）单击选择抽壳实体背面，单击"正视"按钮 ⬇，依据零件图样绘制图 7-50 所示草图。单击"特征"工具栏中的"拉伸凸台/基体"按钮 🗐，系统弹出"凸台-拉伸"属性管理器，在"终止条件"下拉列表中选择"给定深度"选项，在"深度"文本框内输入 6mm，单击"确定"按钮 ✓，结果如图 7-51 所示。

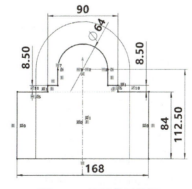

图 7-49 正面拉伸结果　　　图 7-50 绘制背面草图　　　图 7-51 背面拉伸结果

133

8)单击选择实体一侧凸出的矩形端面,单击"正视"按钮,绘制图7-52所示矩形草图。单击"特征"工具栏中的"拉伸凸台/基体"按钮,系统弹出"凸台-拉伸"属性管理器,在"终止条件"下拉列表中选择"成形到下一面"选项,单击"确定"按钮,结果如图7-53所示。同理在另一侧绘制同样的实体,结果如图7-54所示。

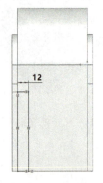
图7-52 绘制矩形草图

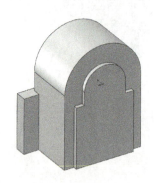
图7-53 一侧拉伸结果

图7-54 两侧拉伸结果

9)单击选择实体正面凸出平面,单击"正视"按钮,绘制图7-55所示ϕ35mm圆形草图。单击"特征"工具栏中的"拉伸切除"按钮,系统弹出"切除-拉伸"属性管理器,在"终止条件"下拉列表中选择"完全贯穿"选项,单击"确定"按钮,结果如图7-56所示。

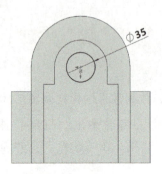
图7-55 绘制ϕ35mm圆

图7-56 拉伸切除结果

10)单击选择实体正面凸出平面,单击"正视"按钮,单击工具栏中的"异型孔向导"按钮,"孔类型"选择"直螺纹孔","标准"选择"ISO","类型"选择"底部螺纹孔","孔规格大小"选择"M6","深度"输入10mm。单击"位置"选项卡,在中心位置上侧单击,并标注距中心线25mm,单击"确定"按钮,结果如图7-57所示。

11)单击"参考几何体"→"基准轴"命令,"参考实体"选择上侧圆柱面,单击"确定"按钮,完成基准轴创建。单击"插入"→"阵列/镜像"→"圆周阵列"命令,"阵列轴"选择已创建的基准轴,选择"等间距","总角度"输入360°,"数量"输入3,"特征和面"选择M6螺纹孔,单击"确定"按钮,结果如图7-58所示。

12）单击"参考几何体"→"基准面"命令，"第一参考"选择图7-59所示平面，偏移距离设置为38mm。单击"插入"→"阵列/镜像"→"镜像"命令，"镜像面"选择已创建的基准面，"要镜像的特征"选择圆周阵列特征，镜像结果如图7-60所示。

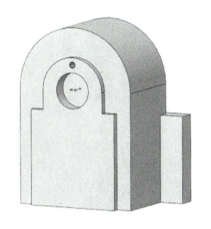

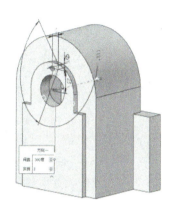

图7-57 创建M6螺纹孔　　　　　图7-58 M6螺纹孔阵列结果

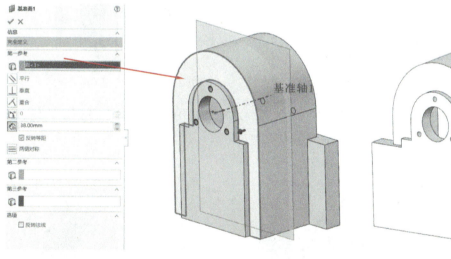
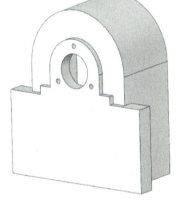

图7-59 创建新基准面　　　　　图7-60 螺纹孔镜像结果

13）单击选择实体正面凸出平面，单击"正视"按钮，绘制φ60mm圆形草图，如图7-61所示。单击"特征"工具栏中的"拉伸切除"按钮，系统弹出"切除-拉伸"属性管理器，在"终止条件"下拉列表中选择"成形到下一面"选项，单击"确定"按钮，结果如图7-62所示。

14）单击选择实体正面凸出平面，单击"正视"按钮，单击工具栏中的"异型孔向导"按钮，孔类型"选择"直螺纹孔"，"标准"选择"ISO"，"类型"选择"底部螺纹孔"，"孔规格大小"选择"M8"，选择"成形到下一面"，单击"位置"选项卡，按照图7-63所示位置标注尺寸，单击"确定"按钮，结果如图7-64所示。

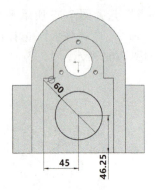

图 7-61　绘制 φ60mm 圆

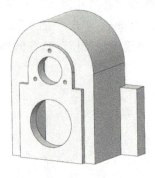

图 7-62　拉伸切除结果

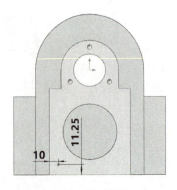

图 7-63　M8 螺纹孔位置

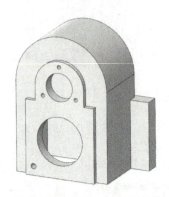

图 7-64　M8 螺纹孔成形结果

15）单击工具栏中的"线性阵列"命令 ，方向 1、2 分别选择图 7-65 所示边线，"特征和面"选择 M8 螺纹孔，阵列结果如图 7-66 所示。

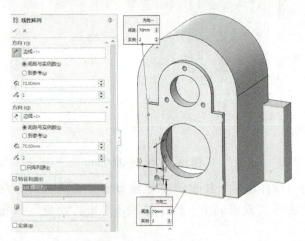

图 7-65　线性阵列设置

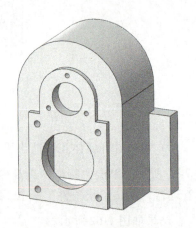

图 7-66　M8 螺纹孔陈列结果

16）单击选择一侧小矩形平面，单击"正视"按钮，单击工具栏中的"异型孔向导"按钮，"孔类型"选择"柱形沉头孔"，"大小"选择"M10"，其他保持默认，单击"位置"选项卡，按照图 7-67 所示位置放置两个沉头孔。

17）继续单击选择一侧小矩形平面，绘制 φ8mm 圆草图，位置如图 7-68 所示。单击"特征"工具栏中的"拉伸切除"按钮，系统弹出"切除-拉伸"属性管理器，在"终止条件"下拉列表中选择"成形到下一面"选项，单击"确定"按钮，结果如图 7-69 所示。

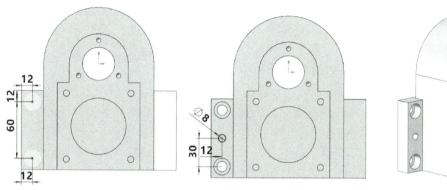
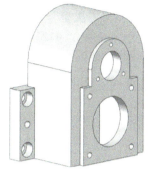

图 7-67 沉头孔位置　　　图 7-68 φ8mm 圆位置　　　图 7-69 φ8mm 孔切除结果

18）单击"插入"→"阵列/镜像"→"镜像"命令，"镜像面"选择"右视基准面"，"要镜像的特征"选择 φ8mm 孔和沉头孔，镜像结果如图 7-70 所示。

19）单击选择实体背侧平面，单击"正视"按钮，绘制 φ80mm 圆草图，位置如图 7-71 所示。单击"特征"工具栏中的"拉伸切除"按钮，系统弹出"切除-拉伸"属性管理器，在"终止条件"下拉列表中选择"成形到下一面"选项，单击"确定"按钮，结果如图 7-72 所示。

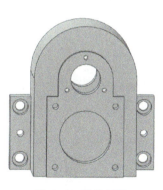
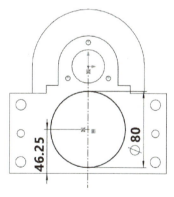
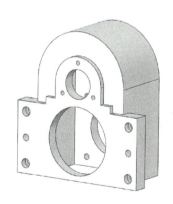

图 7-70 镜像结果　　　图 7-71 φ80mm 圆位置　　　图 7-72 φ80mm 孔切除结果

20）单击实体底面，单击"正视"按钮，单击工具栏中的"异型孔向导"按钮，"孔类型"选择"直螺纹孔"，"标准"选择"ISO"，"类型"选择"底部螺纹孔"，"孔规格大小"选择"M4"，"深度"输入 10mm，单击"位置"选项卡，按照图 7-73 所示位置标注尺寸，单击"确定"按钮。

21）单击工具栏中的"线性阵列"工具，方向 1、2 分别选择图 7-74 所示边线，"特征和面"选择 M8 螺纹孔，阵列结果如图 7-75 所示。

22）单击前视基准面，单击"正视"按钮 ⊥，单击工具栏中的"异型孔向导"按钮 ，"孔类型"选择"直螺纹孔" ，"标准"选择"ISO"，"类型"选择"底部螺纹孔"，"孔规格大小"选择"M12"，"终止条件"选择"完全贯穿"，单击"位置"选项卡，按照图 7-76 所示位置标注尺寸，单击"确定"按钮 ，结果如图 7-77 所示。

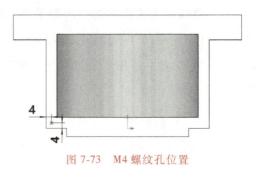

图 7-73　M4 螺纹孔位置

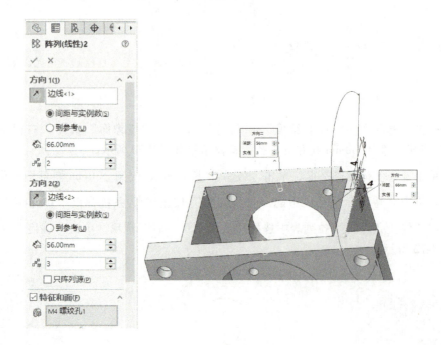

图 7-74　线性阵列设置

图 7-75　M4 螺纹孔阵列结果

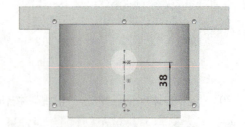

图 7-76　M12 螺纹孔位置

23）单击"圆角"命令，选择需要倒圆角的边线，"半径"设置为 2mm，单击"确定"按钮 ，结果如图 7-78 所示，即完成变速箱体零件建模。

项目7 箱体类零件的设计

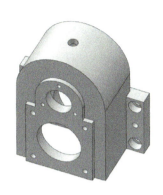

图 7-77　M12 螺纹孔成形结果

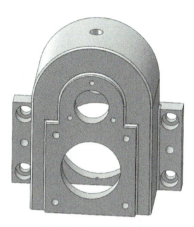

图 7-78　变速箱体零件

【知识链接】

1. 扫描

选择"插入"→"凸台/基体"→"扫描"菜单命令或单击"特征"工具栏中的"扫描凸台/基体"按钮，系统弹出图 7-79 所示的"扫描"属性管理器。下面具体介绍各项参数设置。

1)"轮廓和路径"选项组各选项的含义如下。

①"轮廓"选项：用来设定生成扫描的草图轮廓（截面）。基体或凸台扫描特征的轮廓应为闭环，而曲面扫描特征的轮廓可为开环或闭环。

②"路径"选项：用来设定扫描的路径。路径可以是开环或闭环、包含在草图中的一组绘制的曲线、一条曲线或一组模型边线，路径的起点必须位于轮廓的基准面上。

2)"引导线"选项组各选项的含义如下。

①"引导线"选项：在轮廓沿路径扫描时加以引导，如图 7-80 所示。

图 7-79　"扫描"属性管理器

②"上移"选项↑或"下移"选项↓：用来调整引导线的顺序。

③"合并平滑的面"选项：勾选该复选框，消除以改进带引导线扫描的性能，并在引导线或路径不是曲率连续的所有点处分割扫描。

④"显示截面"选项：显示扫描的截面。

3)"选项"选项组各选项的含义如下。

①"轮廓方位"选项：用来控制轮廓在沿路径扫描时的方向。

a."随路径变化"选项：指轮廓始终垂直于路径。

b."保持法线不变"选项：指始终保证轮廓的平面不变，如图 7-81 所示。

②"轮廓扭转"选项：在"随路径变化"扭转类型被选择时可用。当路径上出现少许

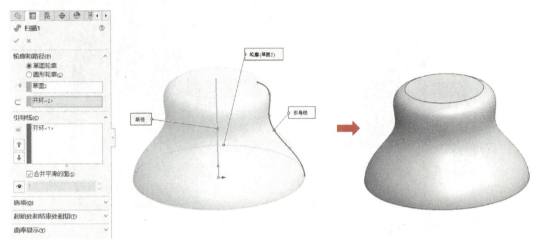

图 7-80 "引导线"扫描

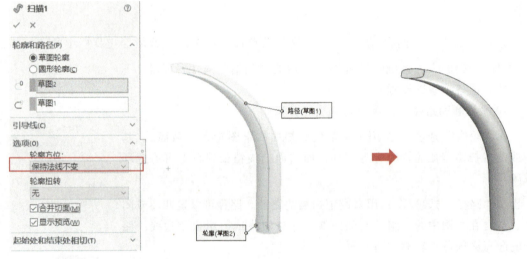

图 7-81 "保持法线不变"扫描

波动和不均匀波动，使轮廓不能对齐时，可以将轮廓稳定下来。

a. "无"选项：无沿路径扭转。

b. "指定扭转值"选项：用于在沿路径扭转时，可以指定预定的扭转数值，需要设置的参数有"度数""弧度""圈数"三个选项，如图 7-82 所示。

c. "指定方向向量"选项：用于在沿路径扭转时，可以定义扭转的方向向量。

d. "与相邻面相切"选项：用于在沿路径扭转时，指定与相邻面相切。

4) "起始处和结束处相切"选项组各选项的含义如下。

① "起始处相切类型"选项。

a. "无"选项：没有应用相切。

b. "路径相切"选项：垂直于开始点沿路径而生成扫描。

② "结束处相切类型"选项。

a. "无"选项：没有应用相切。

项目7 箱体类零件的设计

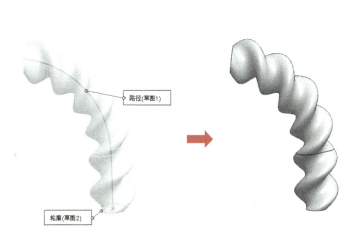

图 7-82 "指定扭转值"扫描

b. "路径相切"选项:垂直于结束点沿路径而生成扫描。

5)"薄壁特征"选项组各选项的含义如下。

① "单项"选项:使用厚度值以单一方向从轮廓生成薄壁特征。

② "两侧对称"选项:以两个方向应用同一厚度值而从轮廓以双向生成薄壁特征。

③ "双向"选项:从轮廓以双向生成薄壁特征。

④ "厚度值"选项:用来设定薄壁厚度值,如图 7-83 所示。

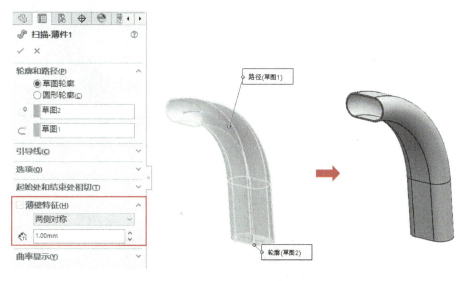

图 7-83 "两侧对称"扫描

2. 放样

选择"插入"→"凸台/基体"→"放样"菜单命令或单击"特征"工具栏中的"放样凸台/基体"按钮,系统弹出图 7-84 所示的"放样"属性管理器。下面具体介绍各项参数

141

设置。

1)"轮廓"选项组各选项的含义如下。

①"轮廓"选项：选择要连接的草图轮廓、面或边线，放样根据轮廓选择的顺序而生成，如图 7-85 所示。

②"上移"选项 或"下移"选项：用来调整轮廓的顺序。

2)"开始/结束约束"选项组各选项的含义如下。

①"无"选项：没有应用相切约束。

②"方向向量"选项：根据用为方向向量的所选实体而应用相切约束。使用时选择"方向向量"，然后设定"拔模角度"和"起始或结束处相切长度"。

③"垂直于轮廓"选项：应用垂直于起始或结束轮廓的相切约束。使用时设定"拔模角度"和"起始或结束处相切长度"。

④"与面相切"选项：放样在起始和终止处与现有几何体的相邻面相切，如图 7-86 所示。

图 7-84 "放样"属性管理器

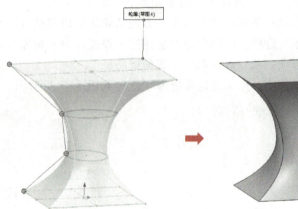

图 7-85 放样特征

3)"引导线"选项组各选项的含义如下。

①"引导线"选项：选择引导线来控制放样。

②"引导线感应类型"选项。

a."到下一引线"：只将引导线延伸到下一引线，如图 7-87 所示。

b."到下一尖角"：只将引导线延伸到下一尖角。

c."到下一边线"：只将引导线延伸到下一边线。

d."整体"：将引导线影响力延伸到整个放样。

③"上移"选项或"下移"选项：用来调整引导线的顺序。

4)"中心线参数"选项组各选项的含义如下。

①"中心线"选项：使用中心线引导放样形状，如图 7-88 所示。

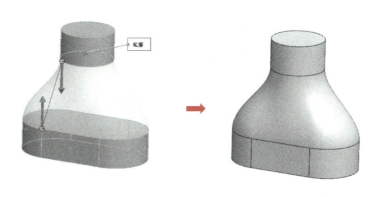

图 7-86 "与面相切" 放样

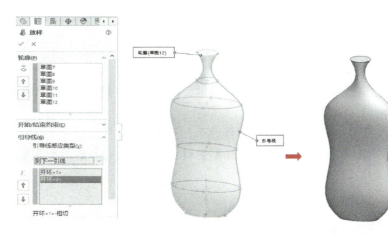

图 7-87 "引导线" 放样

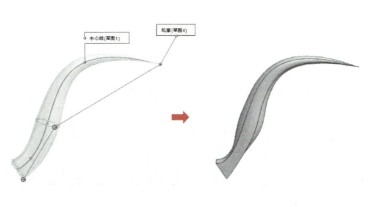

图 7-88 "中心线" 引导放样

②"截面数"选项：在轮廓之间并绕中心线添加截面。
③"显示截面"选项：显示放样截面。
5)"选项"选项组各选项的含义如下。
①"合并切面"选项：勾选该复选框，如果对应的线段相切，则使生成的放样中的曲面保持相切。
②"闭合放样"选项：勾选该复选框，沿放样方向生成一闭合实体，如图 7-89 所示。

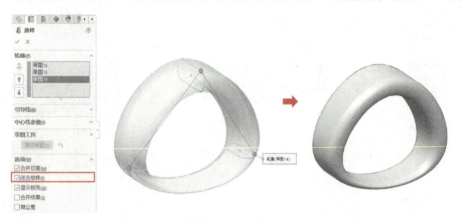

图 7-89　闭合放样

③"显示预览"选项：勾选该复选框，显示放样的上色预览。不勾选该复选框，只能观看路径和引导线。
④"合并结果"选项：合并是单个实体，不合并就是多实体。
⑤"微公差"选项：在非常小的几何图形区域之间创建放样时启动此设置。

技能拓展训练题

【拓展任务】

在 SolidWorks 中创建图 7-90 和图 7-91 所示的企业典型零件三维实体模型。

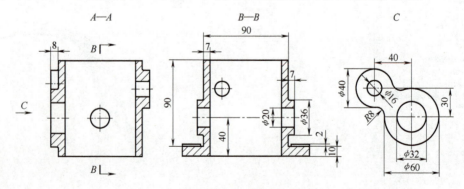

图 7-90　交叉轴箱体

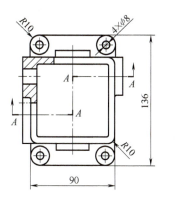

图 7-90 交叉轴箱体（续）

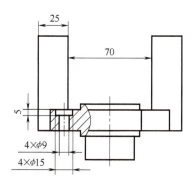
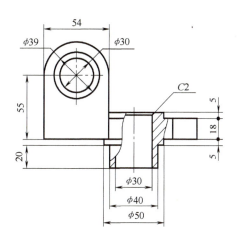

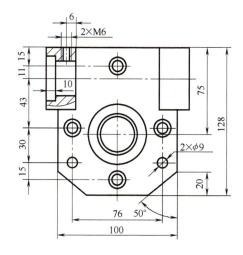

图 7-91 轴座

SolidWorks机械设计实例教程（2022中文版）

【任务评价】

任务评价单

专业：_____ 班级：_____ 姓名：_____ 组别：_____

评价内容	评价标准	评价分值	自我评价（50%）	小组互评（20%）	教师评价（30%）
识图能力	正确读懂图样	30分			
知识点应用情况	关键知识点内化	20分			
操作熟练程度	三维建模快速、准确	15分			
小组协作精神	相互交流、讨论，确定设计思路	10分			
课堂纪律	认真思考、刻苦钻研	10分			
学习主动性	学习意识增强、精益求精、敢于创新	15分			
	小计	100分			
	总评				

小组组长签字：_____ 任课教师签字：_____

项目8

曲线曲面的设计

随着智能制造业对外观、功能、实用设计等角度要求的提高,曲线曲面造型越来越被广大工业领域的产品设计所引用,这些行业主要包括电子产品外形设计行业、航空航天领域以及汽车零部件行业等。

在 SolidWorks 中,可以使用以下方法来生成 3D 曲线:投影曲线、组合曲线、螺旋线/涡状线、分割线、通过参考点的曲线、通过 XYZ 点的曲线等。曲面是一种可用来生成实体特征的几何体。本项目主要介绍叶轮和手表外壳曲面建模的一般方法与应用技巧。

任务8.1 叶轮的设计

【知识目标】

通过本任务的学习,使读者能熟练掌握生成曲线、生成曲面和编辑曲面命令的应用与操作方法。

【技能目标】

能运用曲面建模命令完成叶轮零件的三维造型设计。

【素质目标】

培养爱岗敬业、遵纪守法的职业素养;培养互帮互助、团队协作的优良品质;培养一丝不苟、精益求精的工匠精神。

【任务布置】

根据已知叶轮外形结构特点,精确地完成其三维造型设计,如图 8-1 所示。

叶轮的设计

图 8-1 叶轮模型

【任务实施】

1) 新建文件。启动 SolidWorks 2022 软件，单击工具栏中的"新建"按钮 ，系统弹出"新建 SolidWorks 文件"对话框，在"模板"选项卡中选择"零件"选项，单击"确定"按钮。

2) 在模型树上选择"上视基准面"，单击"草图绘制"按钮，进入草图绘制环境，绘制图 8-2 所示的草图，单击 按钮，退出草图环境。

3) 单击"特征"工具栏中的"拉伸凸台/基体"按钮，系统弹出"凸台-拉伸"属性管理器，在"终止条件"下拉列表中选择"两侧对称"选项，在"深度"文本框内输入"100"，单击"确定"按钮，结果如图 8-3 所示。

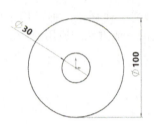
图 8-2 绘制 φ100mm 和 φ30mm 圆

图 8-3 创建空心圆柱

4) 单击"特征"工具栏中的"参考几何体"按钮，如图 8-4 所示，系统弹出"基准面"属性管理器，"第一参考"选择"右视基准面"，在"距离"文本框中输入"40"，如图 8-5 所示，得到图 8-6 所示的基准面，单击 按钮完成基准面创建。

图 8-4 参考几何体

图 8-5 创建基准面 1

图 8-6 基准面 1

5) 在模型树上选择"基准面 1"，单击"草图绘制"按钮，进入草图绘制环境，绘制图 8-7 所示的草图，直线长度为 150mm，角度为 55°，单击 按钮，退出草图环境。

6) 单击"特征"工具栏中的"参考几何体"按钮，如图 8-4 所示，系统弹出"基准面"属性管理器，"第一参考"选择"右视基准面"，在"距离"文本框中输入"200"，如

项目8 曲线曲面的设计

图 8-8 所示，得到图 8-9 所示的基准面，单击 ✓ 按钮完成基准面创建。

图 8-7 绘制草图　　图 8-8 创建基准面 2　　图 8-9 基准面 2

7）在模型树上选择"基准面 2"，单击"草图绘制"按钮 ⌐，进入草图绘制环境，绘制图 8-10 所示的草图，直线长度为 150mm，角度为 30°，单击 ↳ 按钮，退出草图环境。

8）单击"曲面"工具栏中的"放样曲面"按钮 ⬇，系统弹出"曲面-放样"属性管理器，在绘图区选择步骤 5）和步骤 7）创建的草图，如图 8-11 所示，单击"确定"按钮 ✓，结果如图 8-12 所示。

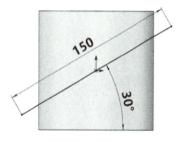

图 8-10 绘制草图

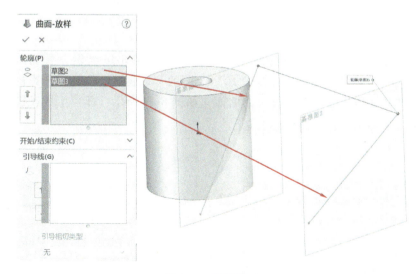

图 8-11 放样曲面

9）单击"特征"工具栏中的"参考几何体"按钮，如图 8-4 所示，系统弹出"基准面"属性管理器，"第一参考"选择圆柱底面，在"距离"文本框中输入"100"，如

149

图 8-13 所示,得到图 8-14 所示的基准面,单击 ✓ 按钮完成基准面创建。

图 8-12 放样曲面结果

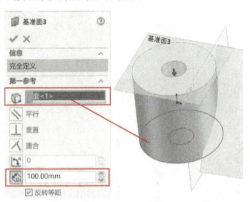

图 8-13 创建基准面 3

10)在模型树上选择"基准面 3",单击"草图绘制"按钮，进入草图绘制环境,绘制图 8-15 所示的草图,单击 按钮,退出草图环境。

图 8-14 基准面 3

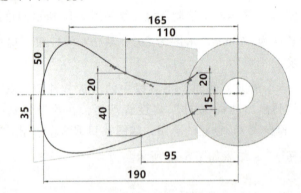

图 8-15 绘制草图

11)单击"插入"→"曲线"→"投影曲线"命令,如图 8-16 所示,系统弹出"投影曲线"属性管理器,在绘图区域中选择步骤 10)绘制的"草图 4"作为要投影的曲线,再选择步骤 8)生成的放样曲面作为被投影的曲面,如图 8-17 所示,即可生成投影曲线,单击"确定"按钮 ✓,结果如图 8-18 所示。

图 8-16 "投影曲线"命令

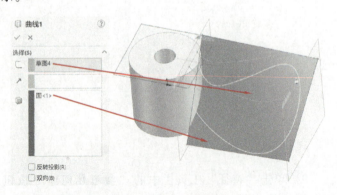

图 8-17 生成投影曲线

项目8 曲线曲面的设计

12)单击"曲面"工具栏中的"剪裁曲面"按钮，系统弹出"剪裁曲面"属性管理器，在绘图区选择步骤11)创建的投影曲线作为剪裁工具，再选择要保留的剪裁区域，如图8-19所示，单击"确定"按钮，结果如图8-20所示。

13)单击"插入"→"凸台/基体"→"加厚"命令，如图8-21所示，系统弹出"加厚"属性管理器，在绘图区选择步骤12)剪裁后的曲面，加厚方式选择"两侧加厚"，在"厚度"文本框内输入"1"，此时得到厚度为2mm的叶片，如图8-22所示，

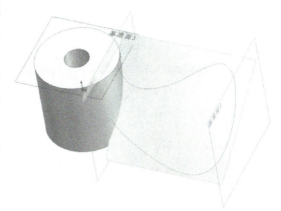

图8-18 投影曲线结果

再单击"确定"按钮。为了便于后续操作，这里将创建的三个基准平面隐藏，结果如图8-23所示。

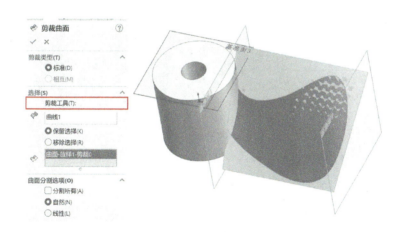

图8-19 剪裁曲面

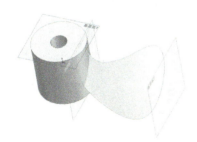

图8-20 剪裁结果

图8-21 "加厚"命令

14)单击"特征"工具栏中的"圆周阵列"按钮，系统弹出"圆周阵列"属性管理器，"阵列间距"输入72°，"阵列个数"输入"5"，再选择叶片的三个面作为要阵列的面，如图8-24所示，单击"确定"按钮，结果如图8-25所示。

151

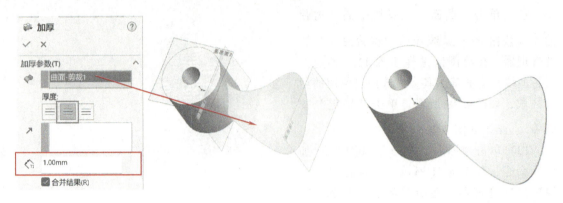

图 8-22 加厚操作　　　　　　　　　　图 8-23 加厚结果

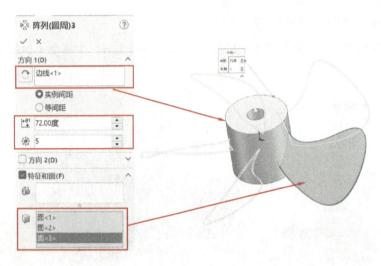

图 8-24 阵列叶片

15）单击"特征"工具栏中的"圆角"按钮，系统弹出"圆角"属性管理器，设置圆角半径为3mm，选择叶片根部的边作为要倒角的边，再单击"确定"按钮，结果如图8-26所示。

图 8-25 阵列结果　　　　　　　　　　图 8-26 叶片建模

项目8 曲线曲面的设计

【知识链接】

1. 拉伸曲面

选择"插入"→"曲面"→"拉伸曲面"菜单命令或单击"曲面"工具栏中的"拉伸曲面"按钮 ，系统弹出"拉伸"属性管理器，提示需要选择一个平面作为草图平面，这时选取一个基准平面直接进入草图环境，绘制完图 8-27 所示的样条曲线，退出草图环境后，系统弹出"曲面-拉伸"属性管理器，如图 8-28 所示。

图 8-27 绘制样条曲线

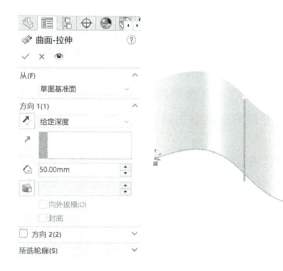

图 8-28 "曲面-拉伸"属性管理器

利用"草图绘制"命令绘制需要拉伸的草图，并将其处于激活状态。选择"插入"→"曲面"→"拉伸曲面"菜单命令或单击"曲面"工具栏中的"拉伸曲面"按钮 ，系统弹出图 8-28 所示的"曲面-拉伸"属性管理器。下面具体介绍各项参数设置。

1)"从"选项组下拉列表中的选项可以设定拉伸特征的开始条件，这些条件包括如下几种。

①"草图基准面"选项：从草图所在的基准面开始拉伸。

②"曲面/面/基准面"选项：从这些实体之一开始拉伸。拉伸时要为"曲面/面/基准面"选择有效的实体。

③"顶点"选项：从在顶点选项中选择的顶点开始拉伸。

④"等距"选项：从与当前草图基准面等距的基准面开始拉伸。需要在"输入等距值"文本框中输入等距值。

其具体操作与"拉伸凸台/基体"特征相同。

2)"方向 1"选项组中各选项的含义如下。

①"终止条件"下拉列表中的选项决定特征延伸的方式，并设定终止条件类型。根据需要，单击反向按钮 ，以与预览中所示方向相反的方向延伸特征。

a. "给定深度"选项：在文本框中输入给定深度，从草图的基准面以指定的距离延伸特征。

b. "成形到一顶点"选项：在图形区域中选择一个点作为顶点，从草图基准面拉伸特征到一个平面，这个平面平行于草图基准面且穿透指定的顶点。

c. "成形到一面"选项：在图形区域中选择一个要拉伸到的面或基准面作为面/基准面，从草图的基准面拉伸特征到所选的面以生成特征。

d. "到离指定面指定的距离"选项：在图形区域中选择一个面或基准面作为面/基准面，然后在文本框中输入等距值，勾选"转化曲面"可使拉伸结束在参考曲面转化处，而非实际的等距。必要时，勾选"反向等距"可以反向等距移动。

e. "成形到实体"选项：在图形区域选择要拉伸的实体作为实体/曲面实体。在装配件中拉伸时可以使用此选项，以延伸草图到所选的实体。

f. "两侧对称"选项：在文本框中输入深度值，从草图基准面向两个方向对称拉伸特征。

其具体操作与"拉伸凸台/基体"特征相同。

②"拉伸方向"按钮↗：在图形区域中选择方向向量，以垂直于草图轮廓的方向拉伸草图。

3）"方向2"选项组中各选项设定与"方向1"选项组相同，此处不再重复阐述。

4）"所选轮廓"选项组：所选轮廓允许使用部分草图来生成拉伸特征，在图形区域中选择的草图轮廓和模型边线将显示在"所选轮廓"选项组中。

技巧点拨：在"曲面-拉伸"属性管理器中，单击"拉伸方向"按钮↗后的方框，选择要拉伸方向的直线（或者实体边线等），实现有方向的拉伸。其具体操作与"拉伸凸台/基体"特征相同。

2. 旋转曲面

选择"插入"→"曲面"→"旋转曲面"菜单命令或单击"曲面"工具栏中的"旋转曲面"按钮，系统弹出"旋转"属性管理器，提示需要选择一个平面作为草图平面，这时选取一个基准平面直接进入草图环境，绘制完图8-29所示的样条曲线和中心线，退出草图环境后，系统弹出"曲面-旋转"属性管理器，如图8-30所示。

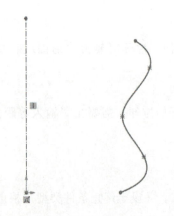

图8-29　绘制样条曲线和中心线

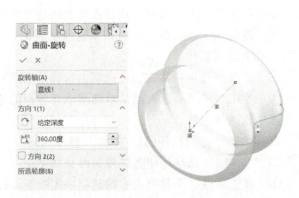

图8-30　"曲面-旋转"属性管理器

利用"草图绘制"命令绘制需要旋转的草图,并将其处于激活状态。选择"插入"→"曲面"→"旋转曲面"菜单命令或单击"曲面"工具栏中的"旋转曲面"按钮 ,系统弹出图8-30所示的"曲面-旋转"属性管理器。下面具体介绍各项参数设置。

1)"旋转轴"选项:用来选择曲面的旋转中心,如果草图中绘制有中心线则软件系统会自动识别该中心线为旋转轴,如果草图中有多条中心线则需要手动选取某一条中心线作为旋转轴。

2)"方向1"选项组中各选项的含义如下。

"终止条件"下拉列表中的选项决定特征延伸的方式,并设定终止条件类型。根据需要,单击反向按钮 ,以与预览中所示方向相反的方向延伸特征。

①"给定深度"选项:在文本框中输入给定旋转角度,从草图的基准面以指定的角度旋转特征。例如旋转270°,如图8-31所示。

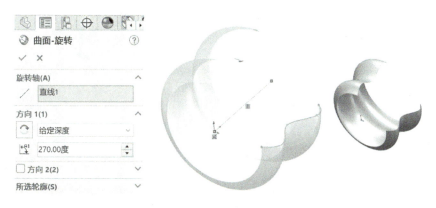

图8-31 指定旋转角度

②"成形到一顶点"选项:在图形区域中选择一个点作为顶点,从草图基准面旋转特征到一个平面,这个平面平行于草图基准面且穿透指定的顶点。

③"成形到一面"选项:在图形区域中选择一个要旋转到的面或基准面作为面/基准面,从草图的基准面旋转特征到所选的曲面以生成特征。

④"到离指定面指定的距离"选项:在图形区域中选择一个面或基准面作为面/基准面,然后在文本框中输入等距值,勾选"转化曲面"可使旋转结束在参考曲面转化处,而非实际的等距。必要时,勾选"反向等距"可以反向等距移动。

⑤"成形到实体"选项:在图形区域选择要旋转的实体作为实体/曲面实体,以旋转草图到所选的实体。

⑥"两侧对称"选项:在文本框中输入旋转角度,从草图基准面向两个方向对称旋转特征,如图8-32所示。

其具体操作与"旋转凸台/基体"特征相同。

3)"方向2"选项组中各选项设定与"方向1"选项组相同,此处不再重复阐述,效果如图8-33所示。

4)"所选轮廓"选项组:所选轮廓允许使用部分草图来生成旋转特征,在图形区域中选择的草图轮廓和模型边线将显示在"所选轮廓"选项组中。

图 8-32 两侧对称旋转

图 8-33 两个方向同时生成旋转特征

技巧点拨：单击"曲面"工具栏中的"圆角"按钮，系统弹出"圆角"属性管理器，在属性管理器中输入圆角半径，再选择要圆角化的项目，此时需要观察各项目上的方向指示箭头，不同的箭头方向会形成不同的圆角形状，建模时可根据实际需求调整箭头方向，以达到建模要求。

任务 8.2 　手表外壳的设计

【知识目标】

通过本任务的学习，使读者能熟练掌握生成曲线、生成曲面和编辑曲面命令的应用与操作方法。

【技能目标】

能运用曲面建模命令完成手表外壳的三维造型设计。

【素质目标】

培养爱岗敬业、遵纪守法的职业素养；培养互帮互助、团队协作的优良品质；培养一丝不苟、精益求精的工匠精神。

【任务布置】

根据已知手表外壳外形结构特点，精确地完成其三维造型设计，如图 8-34 所示。

项目8 曲线曲面的设计

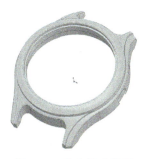

手表外壳
的设计

图 8-34 手表外壳模型

【任务实施】

1）新建文件。启动 SolidWorks 2022 软件，单击工具栏中的"新建"按钮，系统弹出"新建 SolidWorks 文件"对话框，在"模板"选项卡中选择"零件"选项，单击"确定"按钮。

2）在模型树上选择"上视基准面"，单击"草图绘制"按钮，进入草图绘制环境，绘制图 8-35 所示的草图，单击 按钮，退出草图环境。

3）单击"特征"工具栏中的"拉伸凸台/基体"按钮，系统弹出"凸台-拉伸"属性管理器，在"终止条件"下拉列表中选择"给定深度"选项，在"深度"文本框内输入"10"，单击"确定"按钮，结果如图 8-36 所示。

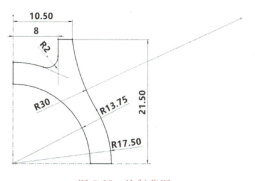

图 8-35 绘制草图　　　　　　　　　　图 8-36 拉伸结果

4）在模型树上选择"前视基准面"，单击"草图绘制"按钮，进入草图绘制环境，绘制图 8-37 所示的草图，同时需要在坐标原点处绘制一条垂直的中心线作为旋转中心线，再单击 按钮，退出草图环境。

5）单击"特征"工具栏中的"旋转切除"按钮，系统弹出"切除-旋转"属性管理器，在"终止条件"下拉列表中选择"给定深度"选项，在"角度"文本框内输入"360"，再单击"确定"按钮，结果如图 8-38 所示。

6）单击"特征"工具栏中的"倒角"按钮，系统弹出"倒角"属性管理器，如图 8-39 所示，"倒角类型"选择"角度距离"，再选择要进行倒角的边，输入倒角距离为

1.5mm，角度为30°，如果角度和距离的方向不正确，可以勾选"反转方向"，单击 ✓ 按钮完成倒角创建，结果如图8-40所示。

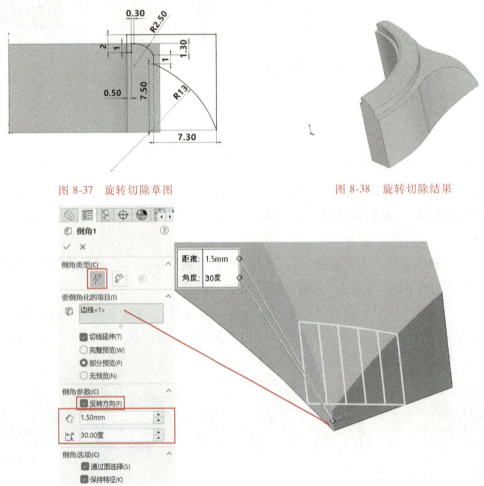

图8-37 旋转切除草图　　　　图8-38 旋转切除结果

图8-39 倒角操作

7）在模型上选择图8-41所示的小的环形面作为草绘平面，再单击快捷工具条中的"草图绘制"按钮 ，进入草图绘制环境，绘制图8-42所示的草图，半径为20mm的圆弧，单击 按钮，退出草图环境。

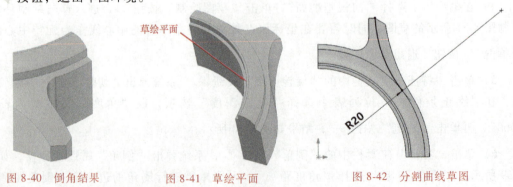

图8-40 倒角结果　　　　图8-41 草绘平面　　　　图8-42 分割曲线草图

项目8 曲线曲面的设计

8）单击"特征"工具栏中的"分割线"按钮，系统弹出"分割线"属性管理器，如图 8-43 所示，选择步骤 7）绘制的草图曲线为分割工具，再选择要被分割的圆弧曲面，勾选"单向"，单击 按钮完成曲面的分割，结果如图 8-44 所示。

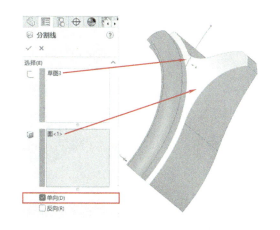
图 8-43 分割线操作

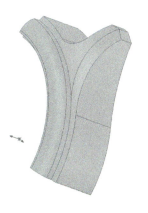
图 8-44 曲面分割结果

9）单击"曲面"工具栏中的"等距曲面"按钮，系统弹出"曲面-等距"属性管理器，在曲面选择框中选择图 8-45 所示的曲面，在"距离"文本框中输入"0.5"，再单击 按钮完成等距曲面的创建，此时生成的曲面在已有模型的内部，需要调整显示方式才能看到生成的曲面，得到图 8-46 所示的曲面。

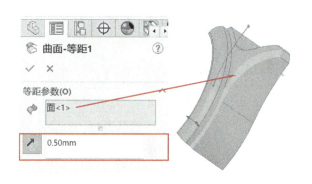
图 8-45 创建等距曲面

图 8-46 等距曲面

10）在模型上选择图 8-41 所示的小的环形面作为草绘平面，再单击快捷工具条中的"草图绘制"按钮，进入草图绘制环境，应用"转换引用实体"的方式绘制图 8-47 所示的草图，单击 按钮，退出草图环境。

11）单击"特征"工具栏中的"拉伸切除"按钮，系统弹出"切除-拉伸"属性管理器，选择步骤 10）绘制的草图为要拉伸的草图，在"终止条件"下拉列表中选择"成形到一面"选项，在曲面选择框中选择步骤 9）生成的等距曲面，如图 8-48 所示，再单击"确定"按钮 ，结果如图 8-49 所示。

159

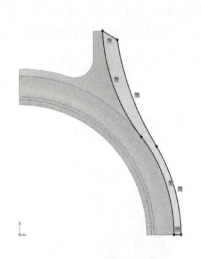
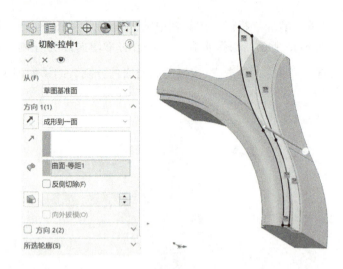

图 8-47 绘制草图　　　　　　　　　图 8-48 拉伸切除操作

12）在模型树上选择"前视基准面"，单击"草图绘制"按钮 ，进入草图绘制环境，绘制图 8-50 所示的草图，同时需要在坐标原点处绘制一条垂直的中心线作为旋转中心线，再单击 按钮，退出草图环境。

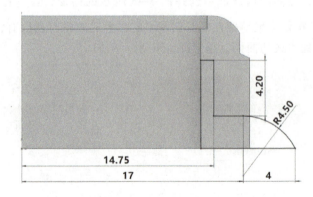

图 8-49 拉伸切除结果　　　　　　　　图 8-50 绘制草图

13）单击"特征"工具栏中的"旋转切除"按钮 ，系统弹出"切除-旋转"属性管理器，在"终止条件"下拉列表中选择"给定深度"选项，在"角度"文本框内输入"360"，如图 8-51 所示，再单击"确定"按钮 ，结果如图 8-52 所示。

14）单击"特征"工具栏中的"圆角"按钮 ，系统弹出"圆角"属性管理器，选择要倒圆角的边，"圆角参数"选择"对称"，圆角半径输入"0.3"，如图 8-53 所示，再单击 按钮完成圆角创建，结果如图 8-54 所示。

15）单击"特征"工具栏中的"倒角"按钮 ，系统弹出"倒角"属性管理器，选择要倒角的边，"倒角参数"选择"对称"，倒角半径输入"0.3"，如图 8-55 所示，再单击 按钮完成倒角创建，结果如图 8-56 所示。

项目8 曲线曲面的设计

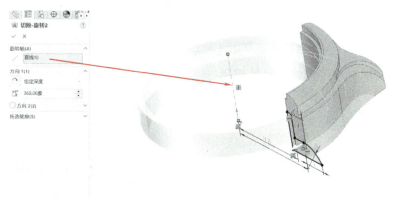

图 8-51 旋转切除操作　　　　　图 8-52 旋转切除结果

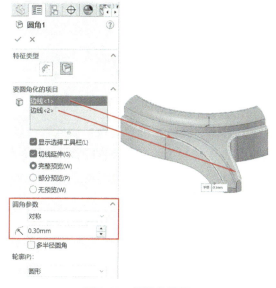
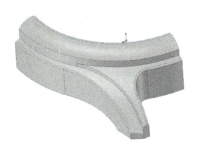

图 8-53 倒圆角操作　　　　　图 8-54 倒圆角结果

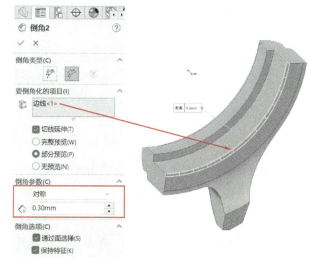
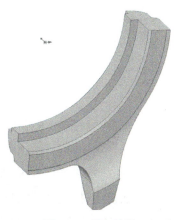

图 8-55 倒角操作　　　　　图 8-56 倒角结果

16)在模型树上选择"右视基准面",单击"草图绘制"按钮,进入草图绘制环境,绘制图 8-57 所示的草图,再单击 按钮,退出草图环境。

17)单击"特征"工具栏中的"拉伸切除"按钮,系统弹出"切除-拉伸"属性管理器,在"终止条件"下拉列表中选择"给定深度"选项,在"深度"文本框内输入"9.5",再单击"确定"按钮,结果如图 8-58 所示。

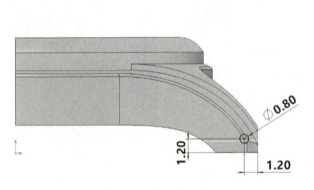

图 8-57 绘制草图

图 8-58 拉伸切除结果

18)单击"特征"工具栏中的"镜像"按钮,系统弹出"镜像"属性管理器,"镜像面"选择模型端面,"要镜像的实体"选择已创建的模型,如图 8-59 所示,再单击"确定"按钮,结果如图 8-60 所示。

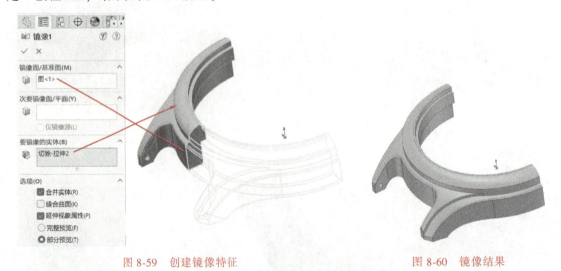

图 8-59 创建镜像特征　　　　　　图 8-60 镜像结果

19)单击"特征"工具栏中的"镜像"按钮,系统弹出"镜像"属性管理器,"镜像面"选择模型端面,"要镜像的实体"选择已创建的模型,如图 8-61 所示,再单击"确定"按钮,结果如图 8-62 所示。

20)在模型树上选择"前视基准面",单击"草图绘制"按钮,进入草图绘制环境,绘制图 8-63 所示的草图,再单击 按钮,退出草图环境。

项目8 曲线曲面的设计

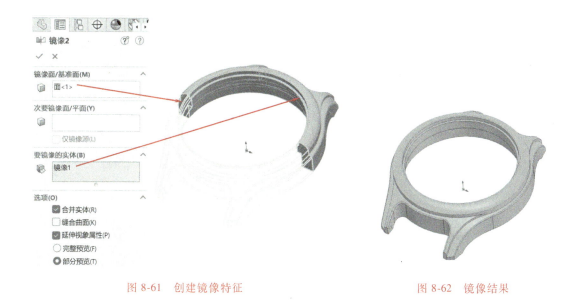

图 8-61　创建镜像特征　　　　　　　　　图 8-62　镜像结果

21）单击"特征"工具栏中的"旋转切除"按钮，系统弹出"切除-旋转"属性管理器，在"终止条件"下拉列表中选择"给定深度"选项，在"角度"文本框内输入"360"，再单击"确定"按钮 ✓，结果如图 8-64 所示。

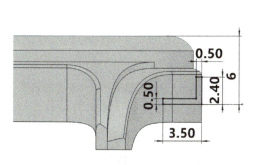 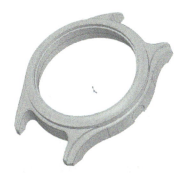

图 8-63　旋转切除草图　　　　　　　　　图 8-64　手表外壳建模

【知识链接】

1. 扫描曲面

要完成"曲面-扫描"，首先应绘制一条路径和一条轮廓，选择"上视基准面"绘制图 8-65 所示的路径线草图，退出草图后，再选择"右视基准面"绘制图 8-66 所示的轮廓线。

选择"插入"→"曲面"→"扫描曲面"菜单命令或单击"曲面"工具栏中的"扫描曲面"按钮，系统弹出"曲面-扫描"属性管理器，如图 8-67 所示，提示需要选择一条路径与一个截面，然后选择上一步骤所绘制的两个草图，再单击"确定"按钮 ✓，最终生成的扫描曲面如图 8-68 所示。

"扫描曲面"的其他选项操作方法与"特征"工具栏中的"扫描"一致，这里不再赘述。

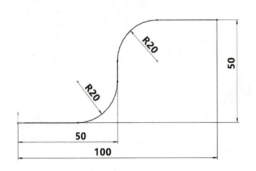

图 8-65 绘制路径　　　　　　　图 8-66 绘制轮廓

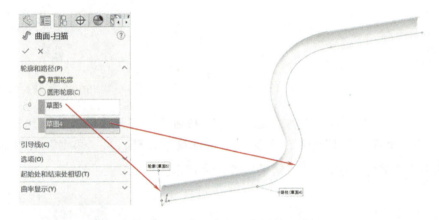

图 8-67 "曲面-扫描"属性管理器

2. 放样曲面

要完成"曲面-放样",首先应绘制放样所需的各截面的草图,选择"上视基准面"绘制图 8-69 所示的截面草图 1,然后退出草图。单击"曲面"工具栏上"参考几何体"中的"基准面"按钮,系统弹出"基准面"属性管理器,选择"上视基准面"作为第一参考,输入生成个数"2",输入间距"30",如图 8-70 所示,单击"确定"按钮后,生成的两个基准平面如图 8-71 所示。

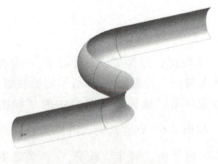
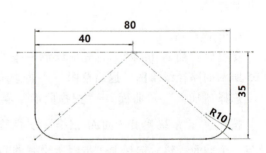

图 8-68 曲面-扫描　　　　　　　图 8-69 截面草图 1

在基准面 1 上绘制图 8-72 所示的直径为 65mm 的半圆,再在基准面 2 上绘制图 8-73 所示的直径为 45mm 的半圆。

项目8 曲线曲面的设计

图 8-70 "基准面"属性管理器

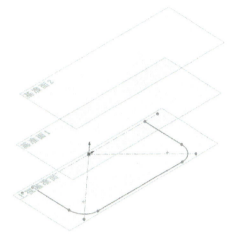

图 8-71 生成系列基准平面

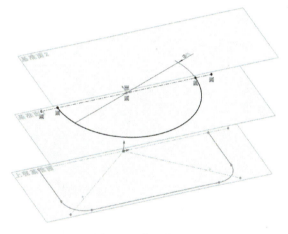

图 8-72 截面草图 2

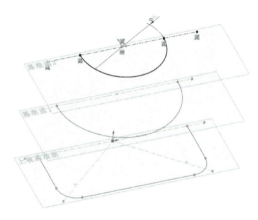

图 8-73 截面草图 3

选择"插入"→"曲面"→"放样曲面"菜单命令或单击"曲面"工具栏中的"放样曲面"按钮，系统弹出"曲面-放样"属性管理器，在"轮廓"框内从下到上依次选择"草图 1""草图 2""草图 3"，如图 8-74 所示，系统会自动在三个截面草图之间形成一个放样曲面，单击"确定"按钮后，生成的放样曲面如图 8-75 所示。

技巧点拨：选择"插入"→"曲面"→"中面"菜单命令，系统弹出"曲面-中面 1"属性管理器，在属性管理器中选择要生成中面的两个相对的参考面，如图 8-76 所示，再单击"确定"按钮，即可生成一个中面，通过调整定位百分比可以调整生成中面的位置，结果如图 8-77 所示。

3. 螺旋线

螺旋线一般用于扫描实体的引导线，在绘制螺旋线前必须先绘制圆形草图，然后选择"插入"→"螺旋线"命令。

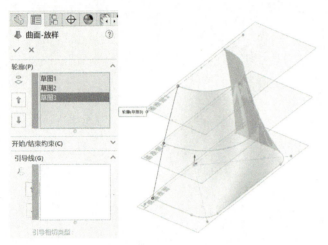

图 8-74 "曲面-放样"属性管理器

图 8-75 放样曲面结果

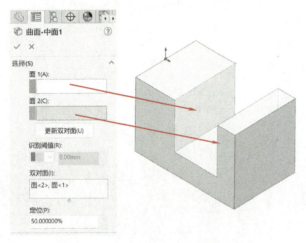

图 8-76 "曲面-中面 1"属性管理器

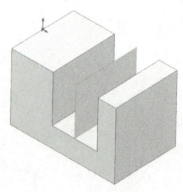

图 8-77 生成中面结果

"螺旋线"属性管理器如图 8-78 所示,其中各选项含义如下。

① "定义方式"选项:用于确定螺旋线具体尺寸及圈数,控制方式有螺距和圈数、高度和圈数、高度和螺距。

② "螺距"和"圈数"选项:当"定义方式"选择"螺距和圈数"时,输入"螺距"和"圈数",即可确定螺旋线外形。

③ "起始角度"选项:用于定义螺旋线在坐标系中的开始位置。

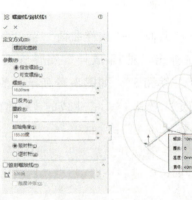

图 8-78 "螺旋线"属性管理器

④ "锥形螺纹线"选项:勾选该复选框,可设置圆锥形螺旋线,角度要求为 0°~89.9°,如图 8-79 所示。

项目8 曲线曲面的设计

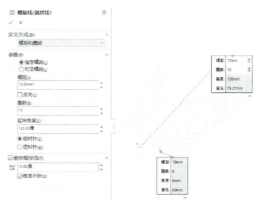

图 8-79 锥形螺旋线

技能拓展训练题

【拓展任务】

在 SolidWorks 中创建图 8-80 和图 8-81 所示的典型曲面零件三维实体模型。

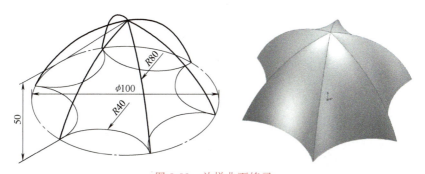

图 8-80 放样曲面练习

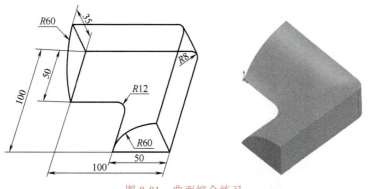

图 8-81 曲面综合练习

SolidWorks机械设计实例教程（2022中文版）

【任务评价】

任务评价单

专业：_____　　班级：_____　　姓名：_____　　组别：_____

评价内容	评价标准	评价分值	自我评价（50%）	小组互评（20%）	教师评价（30%）
识图能力	正确读懂零件结构外形	30分			
知识点应用情况	关键知识点内化	20分			
操作熟练程度	三维建模快速、准确	15分			
小组协作精神	相互交流、讨论，确定设计思路	10分			
课堂纪律	认真思考、刻苦钻研	10分			
学习主动性	学习意识增强、精益求精、敢于创新	15分			
小计		100分			
总评					

小组组长签字：_____　　任课教师签字：_____

项目9

装配体的设计

SolidWorks 的装配模块用于将多个零件组装成一个完整的部件。用户可以使用装配模块将所有零件组装到一起模拟实际机器或设备的运作，并且可以快速地进行检查和分析。该模块提供了很多的工具，如 Mate 工具，用于创建约束和连接，用户可以方便地完成零件之间的组装。本项目主要介绍台虎钳和发动机装配的一般方法与应用技巧。

任务 9.1　台虎钳装配体的设计

【知识目标】

通过本任务的学习，使读者能熟练掌握装配体创建的基本步骤、装配约束的使用、零件自由度的应用与判断的方法。

【技能目标】

能运用装配命令完成台虎钳的装配设计。

【素质目标】

培养爱岗敬业、遵纪守法的职业素养；培养互帮互助、团队协作的优良品质；培养一丝不苟、精益求精的工匠精神。

【任务布置】

根据已知台虎钳各零件三维模型，精确地完成其装配设计，如图 9-1 和图 9-2 所示。

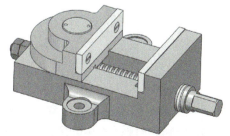

图 9-1　台虎钳装配模型

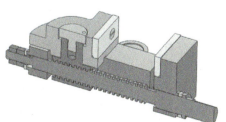

图 9-2　台虎钳剖面模型

台虎钳装配体的设计

【任务实施】

1）新建文件。启动 SolidWorks 2022 软件，单击工具栏中的"新建"按钮，系统弹出"新建 SolidWorks 文件"对话框，在"模板"选项卡中选择"装配体"选项，单击"确定"按钮，如图 9-3 所示。

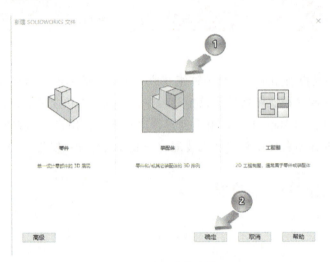

图 9-3　新建装配体

2）此时如果软件没有打开任何零件，系统会弹出"打开"对话框，如图 9-4 所示，然后选择要进行装配的第一个零件"台虎钳底座"，再单击"打开"按钮，台虎钳底座零件就会进入装配体当中并跟随在光标上。

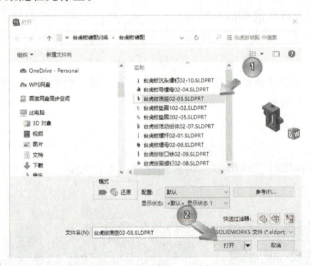

图 9-4　装配第一个零件

3）零件跟随光标的状态如图 9-5 所示，此时在装配体模型的绘图空白区域任意位置单击即可完成第一个零件的装配，第一个零件默认会以固定方式进行装配，图 9-6 所示为第一个零件装配完成的状态。

项目9 装配体的设计

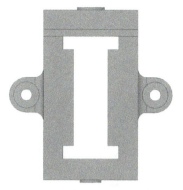

图 9-5 零件跟随光标的状态　　　　图 9-6 第一个零件以固定方式装配

4）其他零件的装配需要单击"装配体"工具栏上的"插入零部件"按钮，如图 9-7 所示，系统弹出"插入零部件"导航器，如图 9-8 所示，然后选中"打开文档"列表中想要装配的零件，再在绘图区域合适位置单击即可完成零件的放置，如图 9-9 所示。

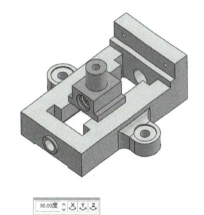

图 9-7 插入零部件　　　　图 9-8 "插入零部件"导航器　　　　图 9-9 放置导螺母零件

> **注意**
>
> 当软件没有打开任何零件时，系统仍然会弹出"打开"对话框，然后选择要装配的零件即可。当软件已经打开了一些零件时，系统则会弹出"插入零部件"导航器，在"打开文档"列表中会列出所有已经打开的文件，然后选择要装配的文件，此时该文件就会跟随在光标上，再在绘图区域的合适位置单击即可完成零件的放置，但是此时零件的位置不一定符合要求，这就需要用装配约束来确定零件的位置；如果"打开文档"列表中没有想要装配的零件，则需要单击"浏览"按钮，通过"打开"对话框在计算机的磁盘上找到想要装配的零件，再单击"打开"按钮完成零件的调入。

5）导螺母放置后需要对其进行精确定位，单击"装配体"工具栏上的"配合"按钮，在系统左侧弹出"配合"导航器，如图 9-10 所示。然后选择导螺母上的面 1，如

图 9-11 所示,再选择底座上相应的面 2,如图 9-12 所示,系统会自动为选择的两个面添加重合约束,如图 9-13 所示。添加完第一个重合约束的模型状态如图 9-14 所示。

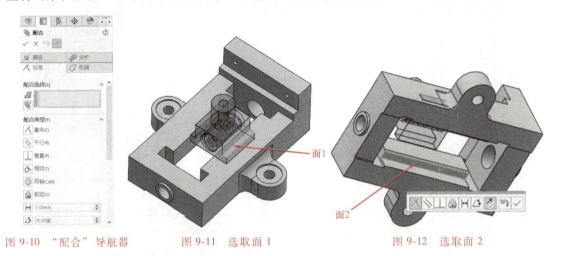

图 9-10 "配合"导航器　　图 9-11 选取面 1　　图 9-12 选取面 2

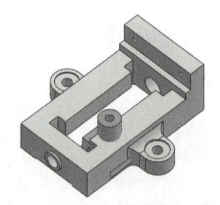

图 9-13 添加重合约束　　图 9-14 添加完第一个重合约束的模型状态

> **注意**
>
> 当在导螺母上选择面 1 后,导螺母即变成了半透明状态,其目的是不影响在其他模型上选择约束参考,此时整体旋转模型选择底座上的面 2,系统即会按照两个面的默认状态为其添加重合约束,并弹出快捷工具条,如图 9-12 的右下角所示,此时在工具条上单击 ✓ 按钮即可完成重合约束的添加。

6) 完成一个重合约束的添加后,系统并没有退出"配合"添加状态,此时可以继续选择相关的约束对象来添加其他约束。选择导螺母上的面 1,如图 9-15 所示,再选择底座上相应的面 2,如图 9-16 所示,系统会自动为选择的两个面添加重合约束,添加完第二个重合约束的模型状态如图 9-17 所示。此时导螺母的约束添加完成,单击绘图区域右上角的"确认"按钮,如图 9-18 所示,可退出"配合"添加状态,完成导螺母的装配。

7) 退出"配合"添加状态后,观察模型发现,导螺母的位置可能并不是我们想要的位

项目9 装配体的设计

置,此时可以通过选择导螺母上的某一图元,按住鼠标左键不动,对导螺母进行拖动,可将其拖动到中间的合适位置,如图9-19所示。

> **注意**
> 每一个三维模型在装配空间中都有6个自由度,通常添加的第一个零件系统会自动为其添加一个固定约束,固定约束限制了模型的6个自由度,模型完全不能移动,同时会在装配体模型树上该零件的前边增加一个f作为固定约束的标记;其他类型的约束一般限制模型的1~3个自由度,例如为导螺母添加的第一个重合约束限制了导螺母的3个自由度,为其添加的第二个重合约束限制了导螺母的2个自由度,此时总共限制了导螺母的5个自由度,还剩下1个移动自由度没有限制,因此才能通过拖动使导螺母沿没有限制的自由度方向进行移动,同时会在装配体模型树上该零件的前边增加一个减号"-",表示该模型位置没有被完全固定。

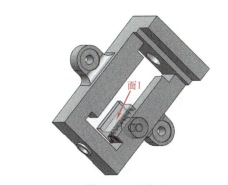

图9-15 选取面1

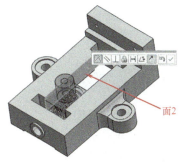

图9-16 选取面2

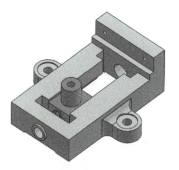

图9-17 添加完第二个重合
约束的模型状态

图9-18 "确认"按钮

图9-19 拖动导螺母

8)一般预先打开装配过程中所有需要装配的零件,以方便在装配过程中从"打开文档"列表中选取零件。下面来装配垫圈1,单击"装配体"工具栏上的"插入零部件"按钮,如图9-7所示,系统弹出"插入零部件"导航器,如图9-8所示,然后选中"打开文档"列表中的"垫圈102",再在绘图区域合适位置单击即可完成零件的放置,如图9-20所示。单击"装配体"工具栏上的"配合"按钮,在系统左侧弹出"配合"导航器,如图9-10所示。然后选择垫圈1上的面1,如图9-21所示,再选择底座上相应的面2,如

图 9-22 所示，系统自动为选择的两个面添加重合约束，此时单击快捷工具条上的 ✓ 按钮即可完成重合约束的添加，完成效果如图 9-23 所示。

完成重合约束的添加后，系统并没有退出"配合"添加状态。选择垫圈 1 上的圆柱面-面 1，如图 9-24 所示，再选择底座上相应的圆柱面-面 2，如图 9-25 所示，系统自动为选择的两个圆柱面添加中心轴重合约束，单击快捷工具条上的 ✓ 按钮即可完成重合约束的添加，添加完第二个重合约束的模型状态如图 9-26 所示。此时垫圈 1 的约束添加完成，单击绘图区域右上角的"确认"按钮退出"配合"添加状态，完成垫圈 1 的装配。

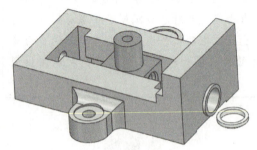

图 9-20　装配垫圈 1

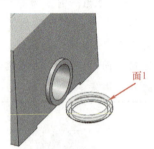

图 9-21　选择面 1

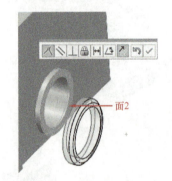

图 9-22　选择面 2

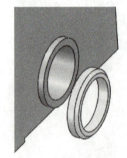

图 9-23　添加重合约束后的效果

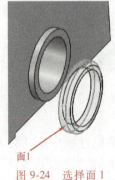

图 9-24　选择面 1

图 9-25　选择面 2

图 9-26　添加中心轴重合约束

9）装配螺杆。单击"装配体"工具栏上的"插入零部件"按钮，系统弹出"插入零部件"导航器，然后选中"打开文档"列表中的"螺杆"，再在绘图区域合适位置单击即可完成零件的放置，如图 9-27 所示。单击"装配体"工具栏上的"配合"按钮，选择螺杆

项目9 装配体的设计

上的面 1，如图 9-28 所示，再选择垫圈 1 上相应的面 2，如图 9-29 所示，系统自动为选择的两个面添加重合约束，但此时默认的重合方向不符合要求，在左侧导航器中向下拖动侧边条，找到重合方式切换按钮，并单击"反向对齐"按钮，如图 9-30 所示，调整效果如图 9-31 所示，此时再单击绘图区域右上角的"确认"按钮即可完成重合约束的添加，完成效果如图 9-32 所示。

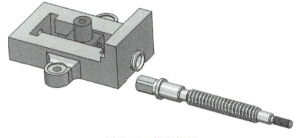

图 9-27 装配螺杆

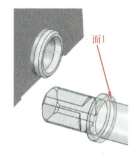

图 9-28 选择面 1

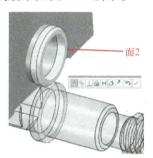

图 9-29 选择面 2

图 9-30 调整反向对齐

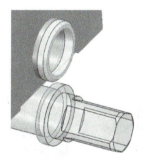

图 9-31 反向对齐方式

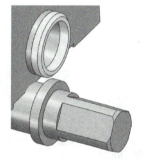

图 9-32 添加重合约束后的效果

选择螺杆上的圆柱面-面 1，如图 9-33 所示，再选择垫圈 1 上相应的圆柱面-面 2，如图 9-34 所示，系统自动为选择的两个圆柱面添加中心轴重合约束，单击快捷工具条上的 按钮即可完成重合约束的添加，添加完第二个重合约束的模型状态如图 9-35 所示。此时螺杆的约束添加完成，单击绘图区域右上角的"确认"按钮退出"配合"添加状态，完成螺杆的装配。

10）装配垫圈 2。单击"装配体"工具栏上的"插入零部件"按钮，然后选中"打开文档"列表中的"垫圈 2"，再在绘图区域合适位置单击即可完成零件的放置，如图 9-36 所示。单击"装配体"工具栏上的"配合"按钮，选择垫圈 2 上的面 1，如图 9-37 所示，再选择底座上相应的面 2，如图 9-38 所示，此时单击快捷工具条上的 按钮即可完成重合约束的添加，完成效果如图 9-39 所示。

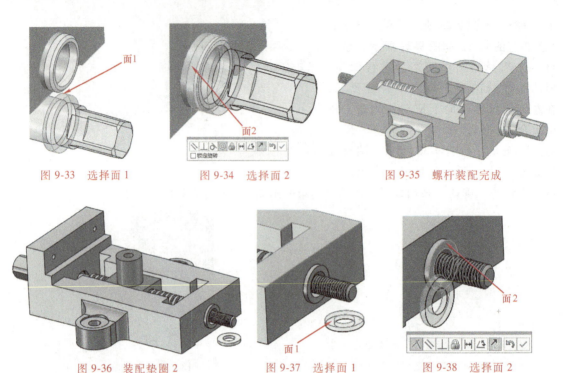

图 9-33 选择面 1　　　图 9-34 选择面 2　　　图 9-35 螺杆装配完成

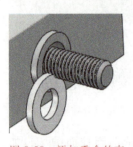
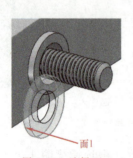
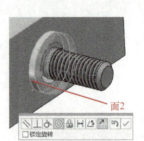
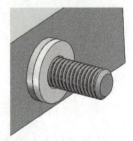

图 9-36 装配垫圈 2　　　图 9-37 选择面 1　　　图 9-38 选择面 2

选择垫圈 2 上的圆柱面-面 1，如图 9-40 所示，再选择底座上相应的圆柱面-面 2，如图 9-41 所示，系统会自动为选择的两个圆柱面添加中心轴重合约束，单击快捷工具条上的 按钮即可完成重合约束的添加，完成效果如图 9-42 所示。此时垫圈 2 的约束添加完成，单击绘图区域右上角的"确认"按钮退出"配合"添加状态，完成垫圈 2 的装配。

图 9-39 添加重合约束后的效果　　　图 9-40 选择面 1　　　图 9-41 选择面 2　　　图 9-42 垫圈 2 装配完成

11）装配螺母。单击"装配体"工具栏上的"插入零部件"按钮，然后选中"打开文档"列表中的"螺母"，再在绘图区域合适位置单击即可完成零件的放置，如图 9-43 所示。单击"装配体"工具栏上的"配合"按钮，选择螺母上的面 1，如图 9-44 所示，再选择垫圈 2 上相应的面 2，如图 9-45 所示，此时单击快捷工具条上的 按钮即可完成重合约束的添加，完成效果如图 9-46 所示。

选择螺母上的内圆柱面-面 1，如图 9-47 所示，再选择垫圈 2 上相应的外圆柱面-面 2，如图 9-48 所示，系统会自动为选择的两个圆柱面添加中心轴重合约束，单击快捷工具条上

项目9 装配体的设计

的 ✓ 按钮即可完成重合约束的添加，完成效果如图 9-49 所示。此时螺母的约束添加完成，单击绘图区域右上角的"确认"按钮退出"配合"添加状态，完成螺母的装配。

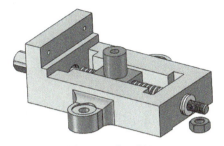

图 9-43 装配螺母

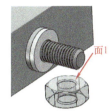

图 9-44 选择面 1

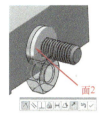

图 9-45 选择面 2

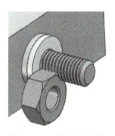

图 9-46 添加重合约束后的效果

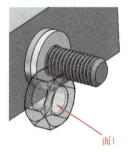

图 9-47 选择面 1

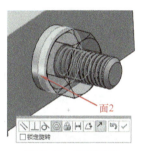

图 9-48 选择面 2

图 9-49 螺母装配完成

12）装配第二个螺母。单击"装配体"工具栏上的"插入零部件"按钮，然后选中"打开文档"列表中的"螺母"，再在绘图区域合适位置单击即可完成零件的放置，如图 9-50 所示。单击"装配体"工具栏上的"配合"按钮，选择螺母上的面 1，如图 9-51 所示，再选择已装配螺母上相应的面 2，如图 9-52 所示，此时单击快捷工具条上的 ✓ 按钮即可完成重合约束的添加，完成效果如图 9-53 所示。

选择螺母上的内圆柱面-面 1，如图 9-54 所示，再选择垫圈 2 上相应的外圆柱面-面 2，如图 9-55 所示，系统会自动为选择的两个圆柱面添加中心轴重合约束，单击快捷工具条上的 ✓ 按钮即可完成重合约束的添加，完成效果如图 9-56 所示。此时第二个螺母的约束添加完成，单击绘图区域右上角的"确认"按钮退出"配合"添加状态，完成第二个螺母的装配。

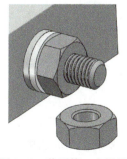

图 9-50 装配第二个螺母

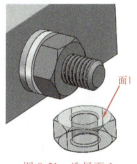

图 9-51 选择面 1

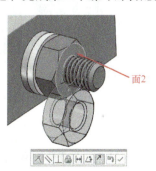

图 9-52 选择面 2

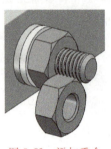
图 9-53 添加重合约束后的效果

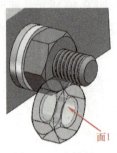
图 9-54 选择面 1

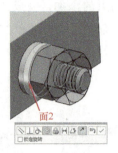
图 9-55 选择面 2

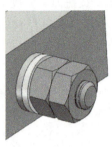
图 9-56 第二个螺母装配完成

13）装配活动钳体。单击"装配体"工具栏上的"插入零部件"按钮，然后选中"打开文档"列表中的"活动钳体"，再在绘图区域合适位置单击即可完成零件的放置，如图 9-57 所示。单击"装配体"工具栏上的"配合"按钮，选择活动钳体上的面 1，如图 9-58 所示，再选择底座上相应的面 2，如图 9-59 所示，此时单击快捷工具条上的 ✓ 按钮即可完成重合约束的添加，完成效果如图 9-60 所示。

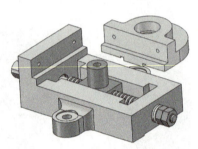
图 9-57 装配活动钳体

选择活动钳体上的内圆柱面-面 1，如图 9-61 所示，再选择导螺母上相应的外圆柱面-面 2，如图 9-62 所示，系统会自动为选择的两个圆柱面添加中心轴重合约束，单击快捷工具条上的 ✓ 按钮即可完成重合约束的添加，完成效果如图 9-63 所示。

在"配合"导航器中切换约束类型为"平行"，如图 9-64 所示，选择活动钳体上的面 1，如图 9-65 所示，再选择底座上相应的面 2，如图 9-66 所示，系统为选择的两个面添加平行约束，单击快捷工具条上的 ✓ 按钮即可完成平行约束的添加，完成效果如图 9-67 所示。此时活动钳体的约束添加完成，单击绘图区域右上角的"确认"按钮退出"配合"添加状态，完成活动钳体的装配。

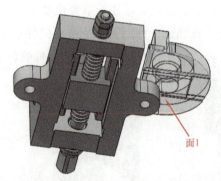
图 9-58 选择面 1

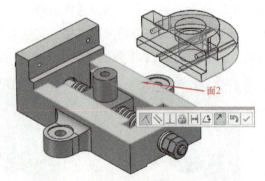
图 9-59 选择面 2

14）装配圆螺钉。单击"装配体"工具栏上的"插入零部件"按钮，然后选中"打开文档"列表中的"圆螺钉"，再在绘图区域合适位置单击即可完成零件的放置，如图 9-68

项目9 装配体的设计

所示。单击"装配体"工具栏上的"配合"按钮 ，选择圆螺钉上的面1，如图9-69所示，再选择导螺母上相应的面2，如图9-70所示，但此时默认的重合方向不符合要求，在左侧导航器中向下拖动侧边条，找到重合方式切换按钮，并单击"反向对齐"按钮，如图9-71所示，再单击绘图区域右上角的"确认"按钮即可完成重合约束的添加，完成效果如图9-72所示。

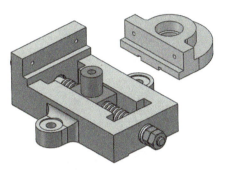

图 9-60 添加重合约束后的效果

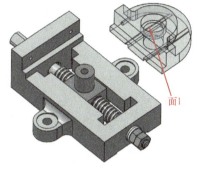

图 9-61 选择面 1

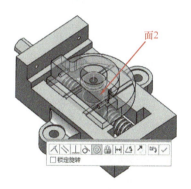

图 9-62 选择面 2

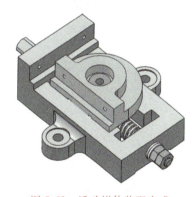

图 9-63 活动钳体装配完成

图 9-64 平行约束

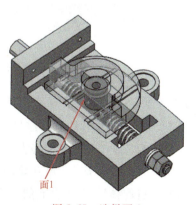

图 9-65 选择面 1

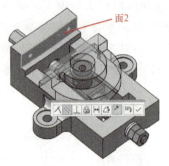

图 9-66 选择面 2

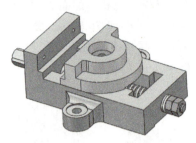

图 9-67 活动钳体装配完成

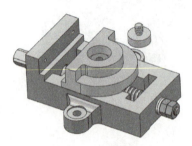

图 9-68 装配圆螺钉

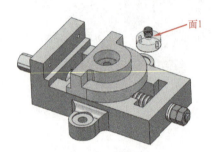

图 9-69 选择面 1

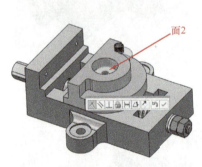

图 9-70 选择面 2

图 9-71 反向对齐

选择圆螺钉上的外圆柱面-面 1,如图 9-73 所示,再选择活动钳体上相应的内圆柱面-面 2,如图 9-74 所示,系统会自动为选择的两个圆柱面添加中心轴重合约束,单击快捷工具条上的 ✓ 按钮即可完成重合约束的添加,完成效果如图 9-75 所示。

15)装配钳口铁。单击"装配体"工具栏上的"插入零部件"按钮,然后选中"打开文档"列表中的"钳口铁",再在绘图区域合适位置单击即可完成零件的放置,如图 9-76 所示。单击"装配体"工具栏上的"配合"按钮 ,选择钳口铁上的面 1,如图 9-77 所示,再选择底座上相应的面 2,如图 9-78 所示,但此时默认的重合方向不符合要求,在左侧

项目9 装配体的设计

导航器中向下拖动侧边条,并单击"反向对齐"按钮,再单击绘图区域右上角的"确认"按钮即可完成重合约束的添加,完成效果如图9-79所示。

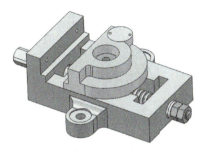

图 9-72　添加重合约束后的效果

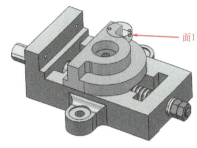

图 9-73　选择面 1

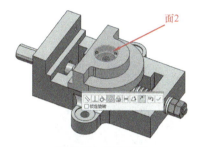

图 9-74　选择面 2

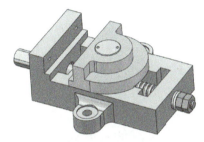

图 9-75　圆螺钉装配完成

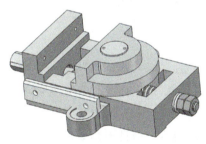

图 9-76　装配钳口铁

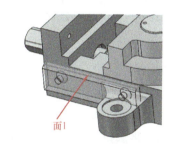

图 9-77　选择面 1

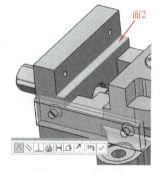

图 9-78　选择面 2

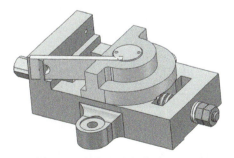

图 9-79　添加重合约束后的效果

选择钳口铁上的面 1,如图 9-80 所示,再选择底座上相应的面 2,如图 9-81 所示,系统会自动为选择的两个面添加重合约束,单击快捷工具条上的 ✓ 按钮即可完成重合约束的添加。

选择钳口铁上的面1，如图9-82所示，再选择底座上相应的面2，如图9-83所示，系统会自动为选择的两个面添加重合约束，单击快捷工具条上的 ✓ 按钮即可完成重合约束的添加，完成效果如图9-84所示。此时钳口铁的约束添加完成，单击绘图区域右上角的"确认"按钮退出"配合"添加状态，完成钳口铁的装配。

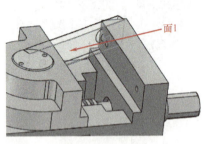

图 9-80　选择面 1

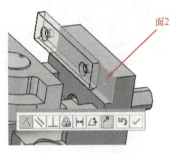

图 9-81　选择面 2

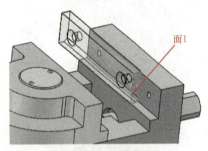

图 9-82　选择面 1

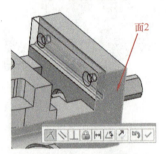

图 9-83　选择面 2

16）装配第二块钳口铁。单击"装配体"工具栏上的"插入零部件"按钮，然后选中"打开文档"列表中的"钳口铁"，再在绘图区域合适位置单击即可完成零件的放置，如图9-85所示。单击"装配体"工具栏上的"配合"按钮，选择钳口铁上的面1，如图9-86所示，再选择活动钳体上相应的面2，如图9-87所示，但此时默认的重合方向不符合要求，在左侧导航器中向下拖动侧边条，并单击"反向对齐"按钮，再单击绘图区域右上角的"确认"按钮即可完成重合约束的添加，完成效果如图9-88所示。

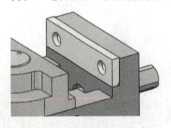

图 9-84　钳口铁装配完成

图 9-85　装配第二块钳口铁

选择钳口铁上的面1，如图9-89所示，再选择活动钳体上相应的面2，如图9-90所示，系统会自动为选择的两个面添加重合约束，但此时默认的重合方向不符合要求，单击"反向对齐"按钮，再单击绘图区域右上角的"确认"按钮即可完成重合约束的添加，完成效果如图9-91所示。

项目9 装配体的设计

选择钳口铁上的面1,如图9-92所示,再选择活动钳体上相应的面2,如图9-93所示,系统会自动为选择的两个面添加重合约束,单击快捷工具条上的 ✓ 按钮即可完成重合约束的添加,完成效果如图9-94所示。此时第二块钳口铁的约束添加完成,单击绘图区域右上角的"确认"按钮退出"配合"添加状态,完成第二块钳口铁的装配。

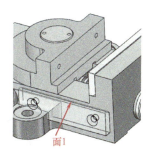

图 9-86 选择面 1

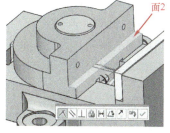

图 9-87 选择面 2

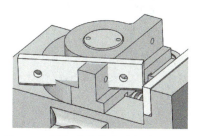

图 9-88 添加重合约束后的效果(一)

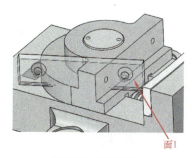

图 9-89 选择面 1

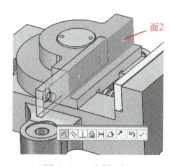

图 9-90 选择面 2

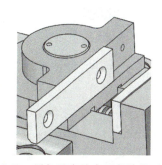

图 9-91 添加重合约束后的效果(二)

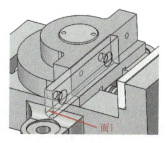

图 9-92 选择面 1

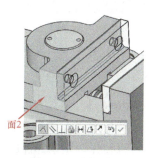

图 9-93 选择面 2

17）装配沉头螺钉。单击"装配体"工具栏上的"插入零部件"按钮，然后选中"打开文档"列表中的"沉头螺钉"，再在绘图区域合适位置单击即可完成零件的放置，如图 9-95 所示。单击"装配体"工具栏上的"配合"按钮 ，选择沉头螺钉上的圆锥面-面 1，如图 9-96 所示，再选择钳口铁上相应的圆锥面-面 2，如图 9-97 所示，系统会自动为选择的两个圆锥面添加重合约束，单击快捷工具条上的 ✓ 按钮即可完成重合约束的添加，完成效果如图 9-98 所示。

按照相同方法装配其他三个沉头螺钉，完成效果如图 9-99 所示。

台虎钳最终装配完成效果如图 9-100 所示。

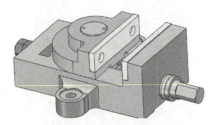

图 9-94　第二块钳口铁装配完成

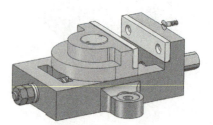

图 9-95　装配沉头螺钉

图 9-96　选择面 1

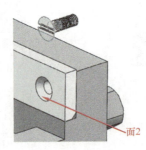

图 9-97　选择面 2

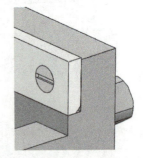

图 9-98　沉头螺钉装配完成

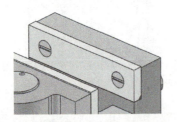

图 9-99　装配其他沉头螺钉

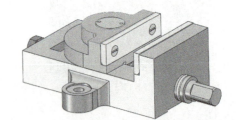

图 9-100　台虎钳装配完成

【知识链接】

1. 零部件方位调整

在装配过程中当调入某个零部件时，默认方位有时不是我们想要的方位，为了后续添加约束方便，可以预先调整零部件的方位。例如调入导螺母如图 9-101 所示，此时在装配模型树上选中导螺母零件，如图 9-102 所示，在绘图区域出现图 9-103 所示的方位控制器，然后可以通过拖动三个坐标轴实现零部件的移动，如图 9-104 所示，以及拖动旋转控制盘实现零部件的旋转，如图 9-105 所示。

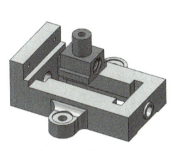

图 9-101　装配导螺母

图 9-102　选中导螺母

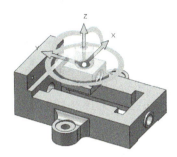

图 9-103　方位控制器

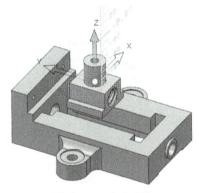

图 9-104　移动零件

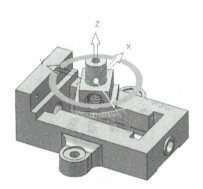

图 9-105　旋转零件

2. 添加配合

单击"装配体"工具栏上的"配合"按钮，在界面的左侧会出现"配合"导航器，软件提供了四种可以添加的配合类型，分别是"标准""机械""高级""分析"，如图 9-106 所示，其中前三种用来添加配合，最后一种用来分析配合。

图 9-106　配合类型

这里重点介绍"标准"配合中的重合约束。

（1）**面面重合** 重合约束是装配时应用最多的约束，在选取配合图元后系统默认推荐使用重合约束。操作过程如下：首先选择两个需要重合的图元（图元可以是面、边、点、基准平面、基准轴、基准点），选择完成后系统就会自动添加重合约束，面面同向重合如图9-107所示，一般情况"同向重合"还是"反向重合"系统会根据零件的初始方位进行判断，因此建议在给零部件添加配合前应先调整零部件的方位，使零部件有了正确的方位后，再添加重合约束时，系统就可以正确判断是"同向重合"还是"反向重合"；面面反向重合如图9-108所示。一般通过重合方向调整按钮来控制"同向重合"还是"反向重合"。

（2）**边面重合** 首先选择一条边和一个面，选择完成后系统就会自动添加重合约束，边面重合如图9-109所示，边面重合没有正向和反向的区分。

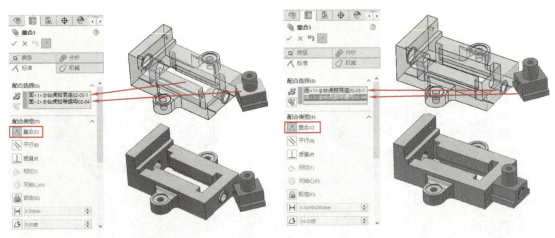

图 9-107　面面同向重合　　　　　　　图 9-108　面面反向重合

（3）**边边重合** 首先选择一条边和另一条边，选择完成后系统就会自动添加重合约束，边边重合如图9-110所示，边边重合要区分正向和反向。

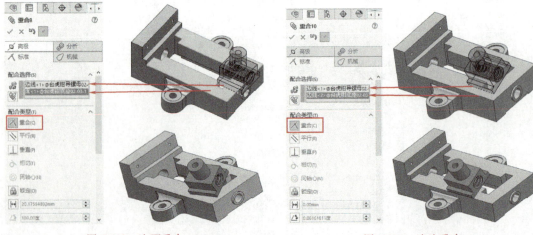

图 9-109　边面重合　　　　　　　图 9-110　边边重合

（4）点面重合　首先选择一个点和一个面，选择完成后系统就会自动添加重合约束，点面重合如图9-111所示，点面重合不区分正向和反向。

（5）点边重合　首先选择一个点和一条边，选择完成后系统就会自动添加重合约束，点边重合如图9-112所示，点边重合不区分正向和反向。

图9-111　点面重合　　　　　　　　　图9-112　点边重合

（6）点点重合　首先选择一个点和另一个点，选择完成后系统就会自动添加重合约束，点点重合如图9-113所示，点点重合不区分正向和反向。

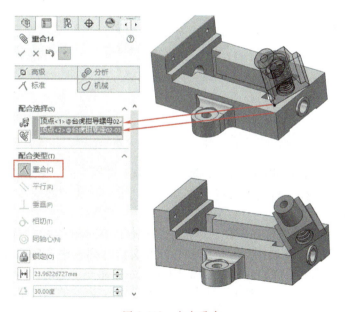

图9-113　点点重合

技巧点拨：新插入装配体中的零件，可以通过"装配体"工具栏上的"移动零部件"和"旋转零部件"按钮来移动和旋转零部件，也可以通过鼠标左键拖动来实现零部件的移动，通过鼠标右键拖动来实现零部件的旋转。

任务9.2　发动机装配体的设计

【知识目标】

通过本任务的学习，使读者能熟练掌握装配体创建的基本步骤、装配约束的使用、装配阵列的应用。

【技能目标】

能运用装配命令完成发动机的装配设计。

【素质目标】

培养爱岗敬业、遵纪守法的职业素养；培养互帮互助、团队协作的优良品质；培养一丝不苟、精益求精的工匠精神。

【任务布置】

根据已知发动机各零件三维模型，精确地完成其装配设计，如图9-114和图9-115所示。

发动机装配体的设计

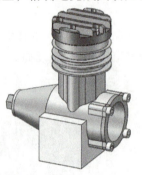

图9-114　发动机装配模型

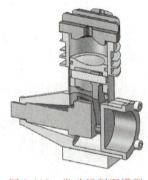

图9-115　发动机剖面模型

【任务实施】

1）新建文件。启动 SolidWorks 2022 软件，单击工具栏中的"新建"按钮，系统弹出"新建 SolidWorks 文件"对话框，在"模板"选项卡中选择"装配体"选项，单击"确定"按钮。

2）预先打开所有需要装配的零件，单击"装配体"工具栏上的"插入零部件"按钮，系统弹出"插入零部件"导航器，然后选中"打开文档"列表中的底座零件，再在绘图区域合适位置单击即可完成零件的放置，如图9-116所示，第一个放置的零件为固定约束。

3）装配下气缸。单击"装配体"工具栏上的"插入零部件"按钮，系统弹出"插入零部件"导航器，然后选中"打开文档"列表中的下气缸零件，再在绘图区域合适位置单击即可完成零件的放置，如图9-117所示。

约束下气缸位置，单击"装配体"工具栏上的"配合"按钮，在系统左侧弹出"配合"导航器，然后选择下气缸上的面1和底座上相应的面2，如图9-118所示，添加重合约束的效果如图9-119所示。如果方向不对，则可通过"同向对齐"按钮和"反向对齐"

按钮 来调整方向，后续装配过程中如出现方向不符合要求的情况，也可通过"同向对齐"按钮 和"反向对齐"按钮 来调整方向。

图 9-116　底座

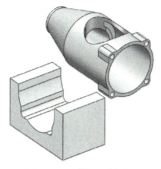

图 9-117　装配下气缸

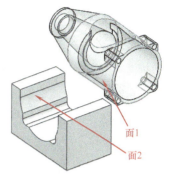

图 9-118　选择面 1 和面 2

选择下气缸上的边 1 和底座上相应的边 2，如图 9-120 所示，添加重合约束的效果如图 9-121 所示。

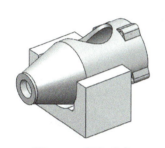

图 9-119　添加重合
约束效果（一）

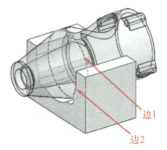

图 9-120　选择边 1 和边 2

图 9-121　添加重合
约束效果（二）

选择下气缸上的面 1 和底座上相应的面 2，如图 9-122 所示，添加平行约束的效果如图 9-123 所示，通过三个约束完成了对下气缸的装配。

4）装配曲柄。单击"装配体"工具栏上的"插入零部件"按钮，系统弹出"插入零部件"导航器，然后选中"打开文档"列表中的曲柄零件，再在绘图区域合适位置单击即可完成零件的放置，如图 9-124 所示。

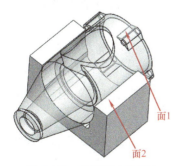

图 9-122　选择面 1 和面 2

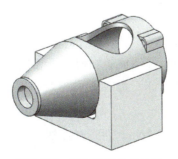

图 9-123　添加平行约束效果

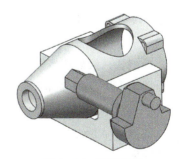

图 9-124　装配曲柄

约束曲柄位置，单击"装配体"工具栏上的"配合"按钮 ，在系统左侧弹出"配合"导航器，然后选择曲柄上的面 1 和下气缸上相应的面 2，如图 9-125 所示，添加重合约束的效果如图 9-126 所示。如果方向不对，则可通过"同向对齐"按钮和"反向对齐"按钮来调整方向。

此时曲柄位置可能离装配位置较远，可以通过拖动来调整曲柄位置，便于后续配合的添加，位置拖动效果如图 9-127 所示。

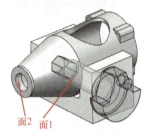
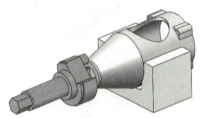
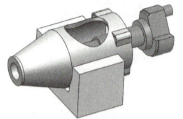

图 9-125　选择面 1 和面 2　　　　图 9-126　添加重合约束效果　　　　图 9-127　拖动零件

根据装配关系可知，此时需要用距离约束来控制曲柄零件的位置，在"配合"导航器上选择距离约束，并输入距离 0.25mm，如图 9-128 所示；再选曲柄上的面 1，如图 9-129 所示，选择下气缸上相应的面 2，如图 9-130 所示，添加距离约束效果如图 9-131 所示。

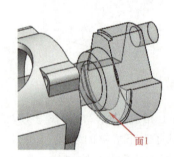
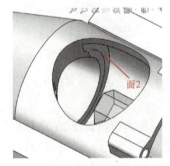

图 9-128　距离约束　　　　图 9-129　选择面 1　　　　图 9-130　选择面 2

5）装配连杆。单击"装配体"工具栏上的"插入零部件"按钮，系统弹出"插入零部件"导航器，然后选中"打开文档"列表中的连杆零件，再在绘图区域合适位置单击即可完成零件的放置，如图 9-132 所示。

约束连杆位置，单击"装配体"工具栏上的"配合"按钮，在系统左侧弹出"配合"导航器，然后选择连杆上的内圆柱面 1 和曲柄上相应的外圆柱面 2，如图 9-133 所示，添加同轴心约束效果如图 9-134 所示。如果方向不对，则可通过"同向对齐"按钮和"反向对齐"按钮来调整方向。

选择连杆上的面 1，如图 9-135 所示，再选择曲柄上相应的面 2，如图 9-136 所示，添加重合约束。

6）装配活塞。单击"装配体"工具栏上的"插入零部件"按钮，系统弹出"插入零部件"导航器，然后选中"打开文档"列表中的活塞零件，再在绘图区域合适位置单击即可完成零件的放置，如图 9-137 所示。

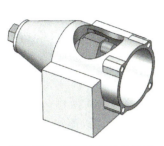
图 9-131 添加距离约束效果

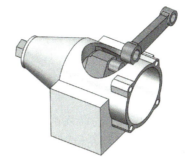
图 9-132 装配连杆

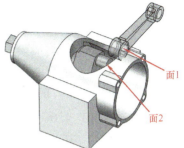
图 9-133 选择面 1 和面 2

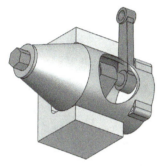
图 9-134 添加同轴心约束效果

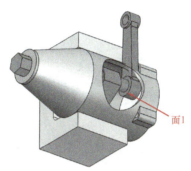
图 9-135 选择面 1

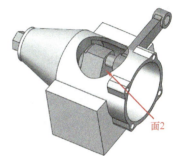
图 9-136 选择面 2

约束活塞位置,单击"装配体"工具栏上的"配合"按钮,在系统左侧弹出"配合"导航器,然后选择活塞上的外圆柱面 1 和下气缸上相应的内圆柱面 2,如图 9-138 所示,以及另外一对配合选择活塞上的内圆柱面 1 和连杆上相应的内圆柱面 2,如图 9-139 所示,添加两个同轴心约束效果如图 9-140 所示。装配过程中如果方向不对,则可通过"同向对齐"按钮和"反向对齐"按钮来调整方向。

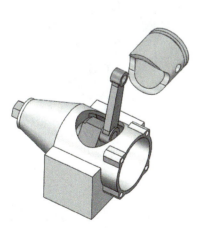
图 9-137 装配活塞

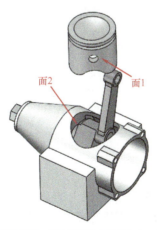
图 9-138 添加同轴心约束(一)

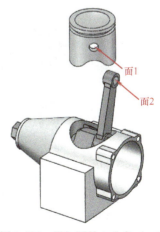
图 9-139 添加同轴心约束(二)

7) 装配活塞销。单击"装配体"工具栏上的"插入零部件"按钮,系统弹出"插入零部件"导航器,然后选中"打开文档"列表中的活塞销零件,再在绘图区域合适位置单击即可完成零件的放置,如图 9-141 所示。

约束活塞销位置,单击"装配体"工具栏上的"配合"按钮 ,在系统左侧弹出"配合"导航器,然后选择活塞销上的外圆柱面 1 和活塞上相应的内圆柱面 2,如图 9-142 所示,添加同轴心约束效果如图 9-143 所示。装配过程中如果方向不对,则可通过"同向对齐"按钮 和"反向对齐"按钮 来调整方向。

选择活塞销上的端面-面 1 和活塞上相应的前视基准面-面 2,如图 9-144 所示,添加距离约束。选择活塞上的前视基准平面时,需要在绘图区域左上角展开模型树以便找到活塞零件中的前视基准面。

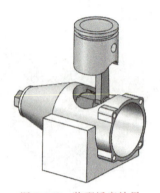

图 9-140　装配活塞效果

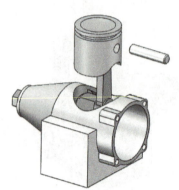

图 9-141　装配活塞销

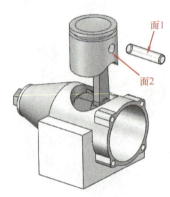

图 9-142　选择面 1 和面 2

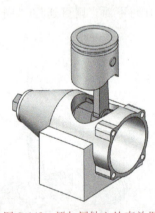

图 9-143　添加同轴心约束效果

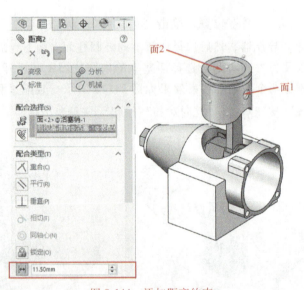

图 9-144　添加距离约束

8)装配上气缸。单击"装配体"工具栏上的"插入零部件"按钮,系统弹出"插入零部件"导航器,然后选中"打开文档"列表中的上气缸零件,再在绘图区域合适位置单击即可完成零件的放置,如图 9-145 所示。

约束上气缸位置,单击"装配体"工具栏上的"配合"按钮,在系统左侧弹出"配合"导航器,然后选择上气缸上的内圆柱面 1 和活塞上相应的外圆柱面 2,如图 9-146 所示,

项目9 装配体的设计

添加同轴心约束效果如图 9-147 所示。装配过程中如果方向不对，则可通过"同向对齐"按钮 和"反向对齐"按钮 来调整方向。

选择上气缸上的内圆柱面 1，如图 9-148 所示，再选择下气缸上相应的外圆柱面 2，如图 9-149 所示，添加同轴心约束效果如图 9-150 所示。

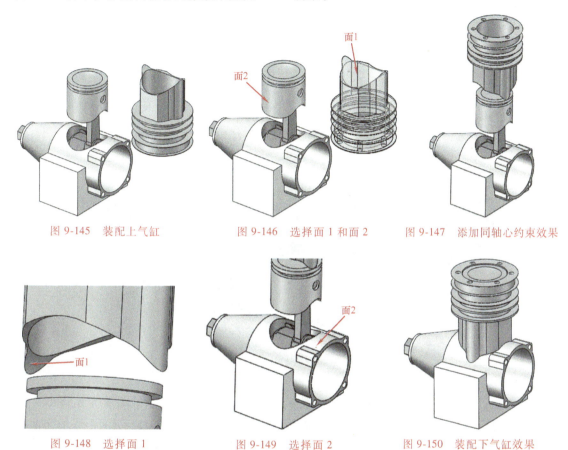

图 9-145 装配上气缸　　　图 9-146 选择面 1 和面 2　　　图 9-147 添加同轴心约束效果

图 9-148 选择面 1　　　图 9-149 选择面 2　　　图 9-150 装配下气缸效果

9）装配气缸盖。单击"装配体"工具栏上的"插入零部件"按钮，系统弹出"插入零部件"导航器，然后选中"打开文档"列表中的气缸盖零件，再在绘图区域合适位置单击即可完成零件的放置，如图 9-151 所示。

约束气缸盖的位置，单击"装配体"工具栏上的"配合"按钮 ，在系统左侧弹出"配合"导航器，然后选择气缸盖上的面 1 和上气缸上相应的面 2，如图 9-152 所示，添加重合约束效果如图 9-153 所示。装配过程中如果方向不对，则可通过"同向对齐"按钮 和"反向对齐"按钮 来调整方向。

选择气缸盖上的外圆柱面 1 和上气缸上相应的外圆柱面 2，如图 9-154 所示，添加同轴心约束；再选择气缸盖上的内圆柱面 1 和上气缸上相应的内圆柱面 2，如图 9-155 所示，添加同轴心约束，最终装配效果如图 9-156 所示。

10）装配螺钉 M3×10。单击"装配体"工具栏上的"插入零部件"按钮，系统弹出"插入零部件"导航器，然后选中"打开文档"列表中的螺钉 M3×10 零件，再在绘图区域合适位置单击即可完成零件的放置，如图 9-157 所示。

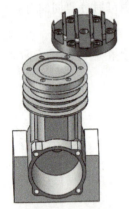

图 9-151 装配气缸盖

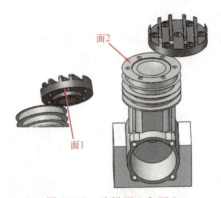

图 9-152 选择面 1 和面 2

图 9-153 添加重合约束效果

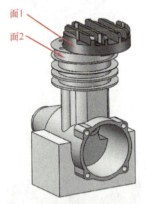

图 9-154 添加同轴心约束（一）

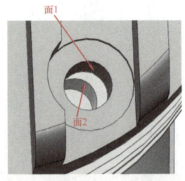

图 9-155 添加同轴心约束（二）

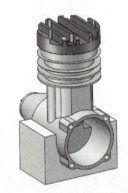

图 9-156 装配气缸盖效果

约束螺钉的位置，单击"装配体"工具栏上的"配合"按钮，在系统左侧弹出"配合"导航器，然后选择螺钉上的面 1 和气缸盖上相应的面 2，如图 9-158 所示，添加同轴心约束；再选择螺钉上的面 1 和气缸盖上相应的面 2，如图 9-159 所示，添加重合约束，最终装配效果如图 9-160 所示。装配过程中如果方向不对，则可通过"同向对齐"按钮和"反向对齐"按钮来调整方向。

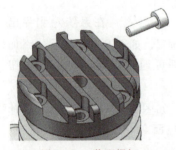

图 9-157 装配螺钉

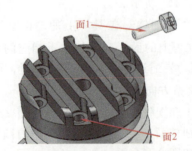

图 9-158 添加同轴心约束

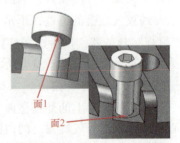

图 9-159 添加重合约束

11）阵列螺钉 M3×10。单击"装配体"工具栏上的"圆周零部件阵列"按钮，如图 9-161 所示，系统弹出"圆周阵列"导航器，然后选择阵列中心参考面，如图 9-162 所示,再在导航器中设置阵列间距为60°、阵列个数为6个,如图9-163所示,在"要阵列的零部件"框中选择要阵列的螺钉;最终单击 ✓ 按钮完成阵列操作,效果如图9-164所示。

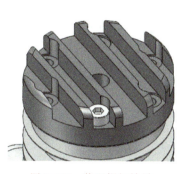
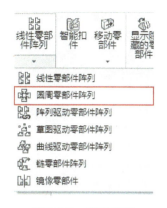
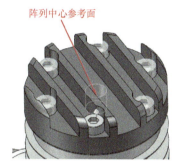

图9-160　装配螺钉效果　　　图9-161　装配阵列　　　图9-162　阵列中心参考面

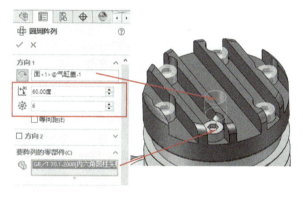
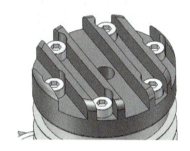

图9-163　阵列参数设置　　　　　　　　图9-164　螺钉阵列效果

12）装配气缸后盖。单击"装配体"工具栏上的"插入零部件"按钮,系统弹出"插入零部件"导航器,然后选中"打开文档"列表中的气缸后盖零件,再在绘图区域合适位置单击即可完成零件的放置,如图9-165所示。

约束气缸后盖的位置,单击"装配体"工具栏上的"配合"按钮,在系统左侧弹出"配合"导航器,然后选择下气缸上的面1和气缸后盖上相应的面2,添加重合约束,以及选择第二组下气缸上的内圆柱面1′和气缸后盖上相应的外圆柱面2′,添加同轴心约束,如图9-166所示,装配过程中如果方向不对,则可通过"同向对齐"按钮 和"反向对齐"按钮 来调整方向,完成效果如图9-167所示。

再选择气缸后盖上的内圆柱面1和下气缸上相应的内圆柱面2,如图9-168所示,添加同轴心约束,完成气缸后盖的装配,如图9-169所示。

13）装配螺钉M3×8。单击"装配体"工具栏上的"插入零部件"按钮,系统弹出"插入零部件"导航器,然后选中"打开文档"列表中的螺钉M3×8零件,再在绘图区域合适位置单击即可完成零件的放置,如图9-170所示。

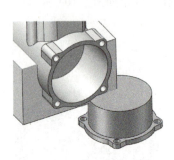

图 9-165 装配气缸后盖

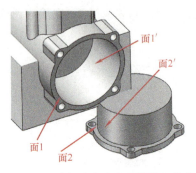

图 9-166 添加重合约束和同轴心约束

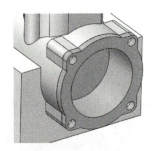

图 9-167 完成效果

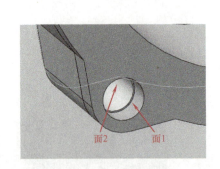

图 9-168 添加同轴心约束

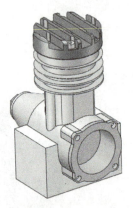

图 9-169 装配气缸后盖效果

约束螺钉的位置,单击"装配体"工具栏上的"配合"按钮,在系统左侧弹出"配合"导航器,然后选择螺钉上的面 1 和气缸后盖上相应的面 2,添加同轴心约束;再选择螺钉上的面 1′和气缸后盖上相应的面 2′,添加重合约束,如图 9-171 所示;装配过程中如果方向不对,则可通过"同向对齐"按钮和"反向对齐"按钮来调整方向。最终装配效果如图 9-172 所示。

14)阵列螺钉 M3×8。单击"装配体"工具栏上的"圆周零部件阵列"按钮,如图 9-161

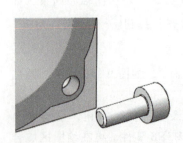

图 9-170 装配螺钉

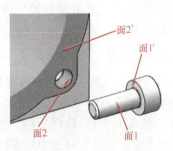

图 9-171 添加同轴心约束和重合约束

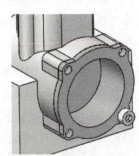

图 9-172 装配螺钉效果

所示，系统弹出"圆周阵列"导航器，然后选择阵列中心参考面，如图 9-173 所示，再在导航器中设置阵列间距为 90°、阵列个数为 4 个，要阵列的零部件为上一步装配的螺钉，如图 9-174 所示；单击 ✓ 按钮完成阵列操作，最终装配完成效果如图 9-175 所示。

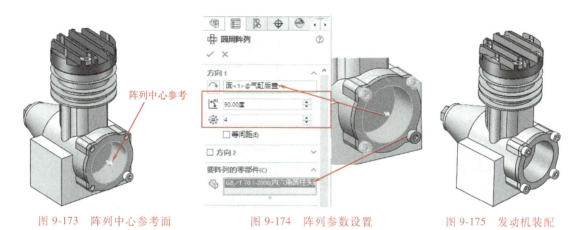

图 9-173　阵列中心参考面　　　图 9-174　阵列参数设置　　　图 9-175　发动机装配

【知识链接】

1. 添加平行约束

单击"装配体"工具栏上的"配合"按钮，在界面的左侧会出现"配合"导航器，软件提供了四种可以添加的配合类型，分别是"标准""机械""高级""分析"，如图 9-106 所示，其中前三种用来添加配合，最后一种用来分析配合。

这里重点介绍"标准"配合中的平行约束。

（1）面面平行　平行约束是装配时应用较多的约束，平行约束只限制被选图元的方向，不限制距离。操作过程如下：首先选择两个需要平行的图元（图元可以是面、边、基准平面、基准轴），选择完成后系统就会自动添加重合约束，此时单击导航器中的平行约束按钮，切换为平行约束（也可以在选择图元之前就切换为平行约束），面面平行约束如图 9-176 所示，可以通过"同向对齐"按钮和"反向对齐"按钮来控制"同向"还是"反向"。

（2）边面平行和边边平行　选择一条边和一个面，选择完成后再在导航器中选择平行约束，或者选择两条边，也可以添加平行约束；另外基准平面和基准轴也可以添加平行约束，方法与面面平行类似，这里不再赘述。边面平行和边边平行也可以通过"同向对齐"按钮和"反向对齐"按钮来控制"同向"还是"反向"。

2. 添加垂直约束

单击"装配体"工具栏上的"配合"按钮，在界面的左侧会出现"配合"导航器，选择其中的垂直约束，然后选择两个要添加垂直约束的图元，选择下气缸圆柱面的中心基准轴，再选择底座的上表面，约束添加过程如图 9-177 所示。垂直约束也可以通过"同向对齐"按钮和"反向对齐"按钮来控制"同向"还是"反向"。

3. 添加相切约束

单击"装配体"工具栏上的"配合"按钮，在界面的左侧会出现"配合"导航器，选择其中的相切约束，然后选择两个要添加相切约束的图元，选择下气缸的外圆柱面，再选择底座的上表面，约束添加过程如图 9-178 所示。相切约束也可以通过"同向对齐"按钮和"反向对齐"按钮来控制"同向"还是"反向"。

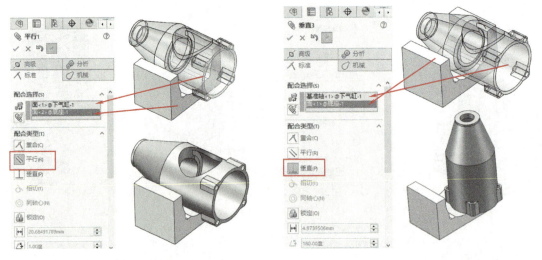

图 9-176　面面平行约束　　　　　　　图 9-177　垂直约束

4. 添加同轴心约束

单击"装配体"工具栏上的"配合"按钮，在界面的左侧会出现"配合"导航器，选择其中的同轴心约束，然后选择两个要添加同轴心约束的图元（一般为圆柱面、基准轴或边），选择下气缸的外圆柱面，再选择底座上的内圆柱表面，约束添加过程如图 9-179 所示。同轴心约束也可以通过"同向对齐"按钮和"反向对齐"按钮来控制"同向"还是"反向"。

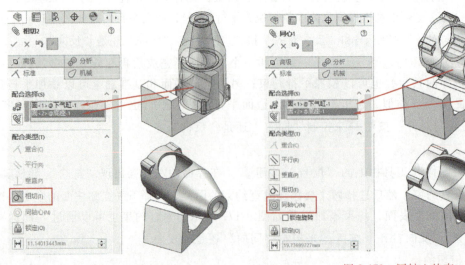

图 9-178　相切约束　　　　　　　图 9-179　同轴心约束

项目9 装配体的设计

> **注意**
>
> 在添加配合时,系统会根据所选图元的不同自动选择合理的配合类型。如果选择平面和平面,则系统优先默认选择重合约束;如果选择圆柱面和平面,则系统优先选择相切约束;如果选择圆柱面和圆柱面,则系统优先选择同轴心约束。同轴心约束是让两个圆柱面的中心线重合,或者是与基准轴和边重合。

5. 添加圆周阵列

单击"装配体"工具栏上的"圆周零部件阵列"按钮,系统弹出"圆周阵列"导航器,然后选择阵列中心参考面,如图9-180所示。圆周阵列的参考可以选择圆柱面、圆形边、基准轴三种。再在导航器中设置阵列间距为90°、阵列个数为4个;阵列间距角度和阵列个数可控制绕阵列的分布状态,单击 ✓ 按钮完成阵列操作,阵列效果如图9-181所示。

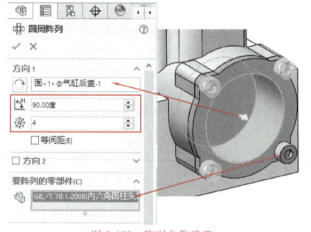

图9-180 阵列参数设置

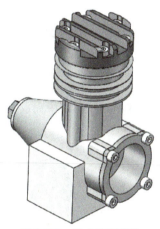

图9-181 完成阵列效果

技巧点拨:在插入一个新零部件完成装配后,如果需要在不同位置多次装配该零部件时,除了正常的装配步骤外,还可以使用系统提供的在"插入零部件"下拉列表中的"随配合复制"功能,来快速地完成零部件的装配。

选择"随配合复制"功能,如图9-182所示,在"所选零部件"对话框中选择沉头螺钉,如图9-183所示,然后单击"随配合复制"属性管理器中的"下一步"按钮 ⇨ ,得到图9-184所示的"配合"对话框,此时选择安装下一个沉头螺钉所需的配合面,再单击"确定"按钮 ✓ ,即可完成零件的复制,最终效果如图9-185所示。

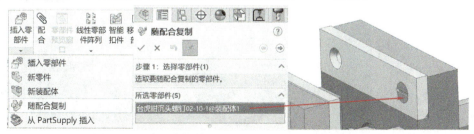

图9-182 随配合复制　　　　图9-183 选择要复制的零件

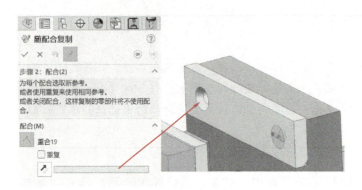

图 9-184 选择要配合的面

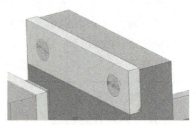

图 9-185 随配合复制零件效果

技能拓展训练题

【拓展任务】

1. 在 SolidWorks 中完成图 9-186~图 9-197 所示的球阀三维模型装配。

图 9-186 球阀装配模型

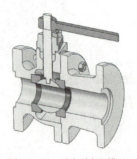

图 9-187 球阀剖面模型

图 9-188 右阀体

图 9-189 密封圈

图 9-190 阀芯

图 9-191 左阀体

图 9-192 阀杆

图 9-193 填料

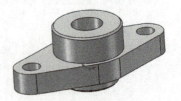

图 9-194 填料压盖

项目9 装配体的设计

图 9-195 手柄

图 9-196 螺钉 M8×40

图 9-197 螺母 M8

2. 在 SolidWorks 中完成图 9-198~图 9-207 所示的回油阀三维模型装配。

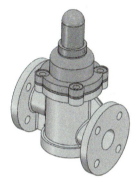

图 9-198 回油阀装配模型

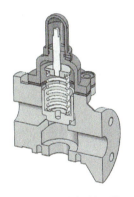

图 9-199 回油阀剖面模型

图 9-200 阀体

图 9-201 阀门

图 9-202 弹簧

图 9-203 弹簧垫

图 9-204 阀杆

图 9-205 垫片

图 9-206 阀盖

图 9-207 罩子

【任务评价】

任务评价单

专业：_____　　班级：_____　　姓名：_____　　组别：_____

评价内容	评价标准	评价分值	自我评价（50%）	小组互评（20%）	教师评价（30%）
识图能力	正确读懂装配体各零件配合关系	30 分			
知识点应用情况	关键知识点内化	20 分			
操作熟练程度	装配操作快速、准确	15 分			
小组协作精神	相互交流、讨论，确定设计思路	10 分			
课堂纪律	认真思考、刻苦钻研	10 分			
学习主动性	学习意识增强、精益求精、敢于创新	15 分			
	小计	100 分			
	总评				

小组组长签字：_____　　任课教师签字：_____

项目10

工程图的设计

SolidWorks 软件的制图模块不仅可以实现工程图的绘制，而且可以将在建模模块中建立的实体模型转换到制图模块中进行编辑，从而快速自动生成二维工程图。本项目主要介绍螺纹轴和阀体工程图设计的一般方法与应用技巧。

任务 10.1 螺纹轴工程图的设计

【知识目标】

通过本任务的学习，使读者能熟练掌握二维工程图创建的基本步骤、各种视图的使用、零件尺寸的标注、形位公差⊖的添加、技术要求的添加等操作，最终能够完成符合国家标准的机械零部件图样。

【技能目标】

能运用工程图命令完成螺纹轴的工程图设计。

【素质目标】

培养爱岗敬业、遵纪守法的职业素养；培养互帮互助、团队协作的优良品质；培养一丝不苟、精益求精的工匠精神。

【任务布置】

根据已知螺纹轴三维模型，精确地完成其工程图设计，如图 10-1 所示。

【任务实施】

1）新建文件。启动 SolidWorks 2022 软件，单击工具栏中的"新建"按钮，系统弹出"新建 SolidWorks 文件"对话框，在对话框中单击"高级"按钮，选择"gb_a3"，单击"确定"按钮，如图 10-2 所示，得到一张空的 A3 图纸。

2）此时软件进入了模型视图状态，如果软件没有打开任何零件，就需要单击左侧导航栏中的"浏览"按钮，软件会弹出"打开"对话框，然后选择要生成工程图的零件"螺纹轴"，再单击"打开"按钮，软件就进入了视图配置状态，如图 10-3 所示，此时需要在左侧导航栏中对视图相关参数进行配置，同时在光标上已经附着了一个默认的视图等待在图纸中放置。

⊖ "形位公差"在现行标准中称为"几何公差"，但本书为与软件一致，仍采用"形位公差"。

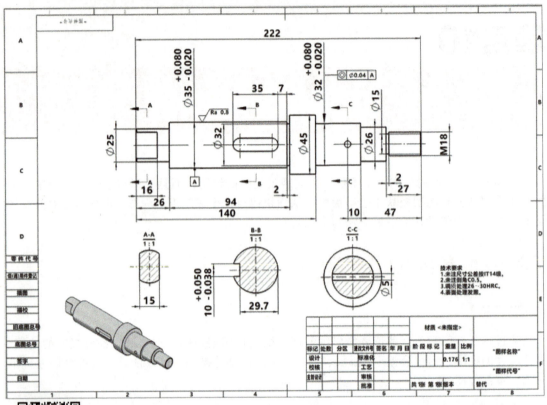

图 10-1　螺纹轴工程图

螺纹轴工程
图的设计

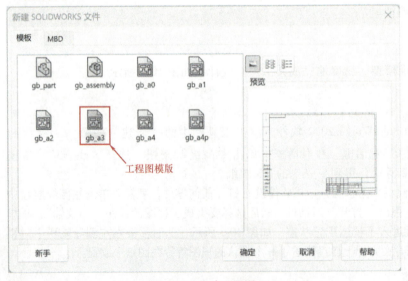

图 10-2　新建工程图

图 10-3　视图配置

3）此时在左侧导航栏中选择主视图为要生成的视图，如图 10-4 所示；向下拖动导航栏中的竖直滚动条，重新自定义视图的比例为 1∶1，如图 10-5 所示；再移动光标在图纸中选择合适的位置单击即可完成主视图的放置，软件同时进入了投影视图添加状态，本零件不需要添加其他投影视图，再单击绘图区域右上角的"✓"按钮即可完成主视图的创建，如图 10-6 所示。

图 10-4　选择主视图　　　　　　　　图 10-5　调整视图比例

4）添加轴端剖面视图。单击"工程图"工具栏上的"剖面视图"按钮，系统弹出"剖面视图辅助"导航器，然后单击"垂直剖切"按钮，如图 10-7 所示，再单击选择螺纹轴最左端的剖切位置，如图 10-8 所示，然后单击快捷工具条上的"✓"按钮完成剖切位置的选择。

5）放置轴端剖面视图。此时剖面视图会跟在光标上移动，将光标移动到合适的位置，单击完成剖面视图的放置，如图 10-9 所示。

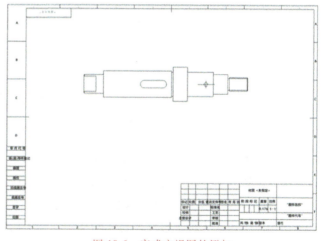

图 10-6　完成主视图的添加

> **注意**
>
> 此时剖面视图与主视图符合基本投影的视图关系，剖面视图和主视图水平对齐，拖动剖面视图时该视图只能左右移动，垂直位置始终和主视图对齐。如果需要自由移动剖面视图的位置，就需要解除剖面视图和主视图的水平对齐关系。此时先选中剖面视图再单击鼠标右键，在右键菜单中选择"视图对齐"→"解除对齐关系"，即可解除两个视图的对齐关系，如图 10-10 所示，解除完成后即可自由移动剖面视图，最终效果如图 10-11 所示。

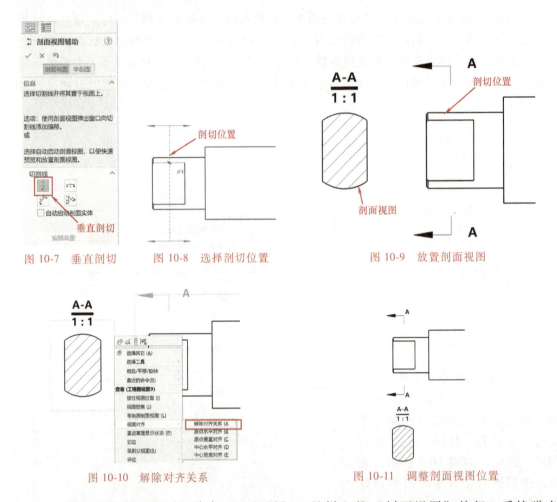

图 10-7 垂直剖切　　图 10-8 选择剖切位置　　图 10-9 放置剖面视图

图 10-10 解除对齐关系　　图 10-11 调整剖面视图位置

6）添加键槽剖面视图。单击"工程图"工具栏上的"剖面视图"按钮，系统弹出"剖面视图辅助"导航器，然后单击"垂直剖切"按钮，如图 10-7 所示，再单击选择键槽上边的中点位置作为剖切位置，如图 10-12 所示，然后单击快捷工具条上的"✓"按钮完成剖切位置的选择。由于剖切位置在轴的中间，所以需要设置剖面深度，如图 10-13 所示，此时剖面视图会跟在光标上移动，将光标移动到合适的位置，单击完成剖面视图的放置，如图 10-14 所示。

键槽剖面视图的移动方式同上，先解除对齐关系，再拖动视图到合适的位置，最终效果如图 10-15 所示。

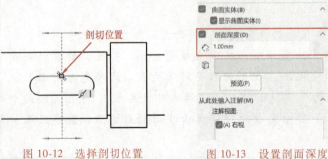
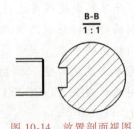

图 10-12 选择剖切位置　　图 10-13 设置剖面深度　　图 10-14 放置剖面视图

7）添加通孔剖面视图。单击"工程图"工具栏上的"剖面视图"按钮，系统弹出"剖面视图辅助"导航器，然后单击"垂直剖切"按钮，如图10-7所示，再单击选择通孔圆心位置作为剖切位置，如图10-16所示，然后单击快捷工具条上的"✓"按钮完成剖切位置的选择。如果投射方向不对，则可以单击"反转方向"按钮来调整，如图10-17所示，此时剖面视图会跟在光标上移动，将光标移动到合适的位置，单击完成剖面视图的放置，如图10-18所示。

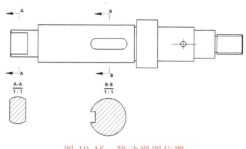

图 10-15 移动视图位置

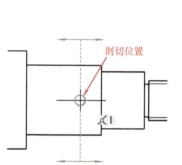

图 10-16 选择剖切位置

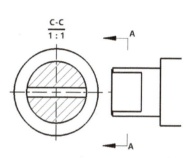

图 10-17 反转投射方向

图 10-18 放置剖面视图

通孔剖面视图的移动方式同上，先解除对齐关系，再拖动视图到合适的位置，最终效果如图10-19所示。

8）至此，所有视图已添加完成。下面为工程图添加中心符号线标记，单击"注解"工具栏上的"中心符号线"按钮，如图10-20所示，系统弹出"中心符号线"导航器，然后单击选中"A-A"剖面中的圆弧，即可自动生成相应的中心符号线，如图10-21所示，再单击选中"B-B"剖面中的圆弧，即可自动生成相应的中心符号线，如图10-22所示。

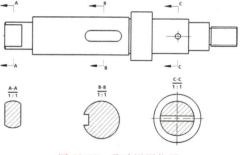

图 10-19 移动视图位置

图 10-20 "中心符号线"按钮

图 10-21 添加中心符号线（一）

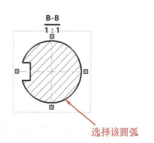

图 10-22 添加中心符号线（二）

9）为工程图的主视图添加中心线。单击"注解"工具栏上的"中心线"按钮，如图10-23所示，系统弹出"中心线"导航器，然后单击选中主视图中螺纹轴左端的上下两条边线，即可自动生成相应的中心线，如图10-24所示，再使用"草图"工具栏上的"中心线"按钮为键槽添加垂直中心线，最终效果如图10-25所示。

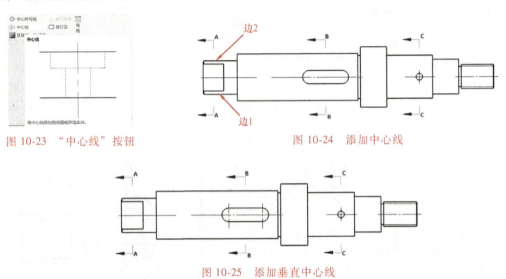

图10-23 "中心线"按钮　　　　图10-24 添加中心线

图10-25 添加垂直中心线

10）为图形添加长度方向的尺寸。单击"注解"工具栏上的"智能尺寸"按钮，如图10-26所示，系统弹出"尺寸"导航器，此时可以通过选择螺纹轴上的图元来完成长度方向的尺寸标注，标注操作过程与SolidWorks草图模块的尺寸标注方法一致，标注结果如图10-27所示。

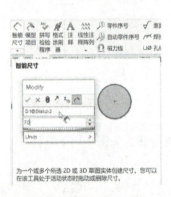

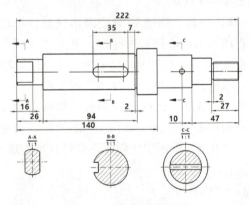

图10-26 "智能尺寸"按钮　　　　图10-27 标注长度尺寸

> **注意**
>
> 在标注长度尺寸时，由于尺寸众多，应提前规划好尺寸的摆放位置，在需要调整剖面视图位置时，应通过拖动来调整，尺寸位置应摆放合理，并保证间距合理，尺寸数字清晰，图形整体美观整洁。

11）为图形添加直径方向的尺寸。单击"注解"工具栏上的"智能尺寸"按钮，如图10-26所示，系统弹出"尺寸"导航器，此时可以通过选择螺纹轴上的图元来完成直径方向的尺寸标注，标注操作过程与SolidWorks草图模块的尺寸标注方法一致，标注结果如图10-28所示。

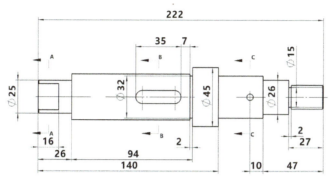

图10-28 标注直径尺寸

12）标注带公差的直径方向的尺寸。单击"注解"工具栏上的"智能尺寸"按钮，如图10-26所示，系统弹出"尺寸"导航器，此时可以通过选择螺纹轴上的图元来完成直径方向的尺寸标注，标注操作过程与SolidWorks草图模块的尺寸标注方法一致，完成尺寸的放置后，在"尺寸"导航器上设置公差为"双边"，上极限偏差为0.08mm，下极限偏差为−0.02mm，如图10-29所示，带公差的尺寸标注方法相同，最终标注结果如图10-30所示。

图10-29 尺寸公差

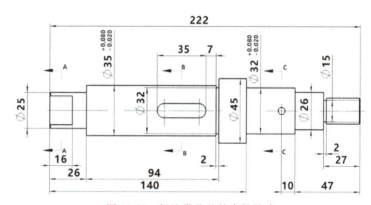

图10-30 标注带公差的直径尺寸

13）标注螺纹尺寸。单击"注解"工具栏上的"智能尺寸"按钮，如图10-26所示，系统弹出"尺寸"导航器，此时可以通过选择螺纹轴上的螺纹大径来进行螺纹的标注，标注操作过程与SolidWorks草图模块的尺寸标注方法一致，完成尺寸的放置后，在"尺寸"导航器上将"<MOD-DIAM>"改为"M"，如图10-31所示，最终标注结果如图10-32所示。

14）为工程图添加基准符号。单击"注解"工具栏上的"基准特征"按钮，如图10-33所示，系统弹出"基准特征"导航器，然后将标号设定为"A"，再调整引线样式，如

图 10-34 所示，单击要放置基准的位置，然后移动光标确定文字的位置，再次单击即可完成基准符号的放置，如图 10-35 所示，再单击绘图区右上角的"✓"按钮完成基准符号添加。

图 10-31 修改尺寸内容

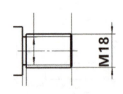

图 10-32 标注螺纹尺寸

图 10-33 "基准特征"按钮

图 10-34 修改基准特征样式

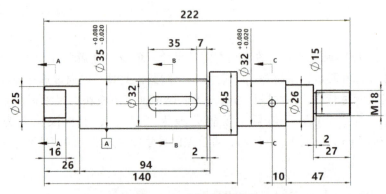

图 10-35 添加基准符号

15）为工程图添加形位公差。单击"注解"工具栏上的"形位公差"按钮，如图 10-36 所示，系统弹出"形位公差"导航器，然后调整引线形式，如图 10-37 所示，单击确定引线箭头的放置位置，如图 10-38 所示，再移动光标确定形位公差符号的放置位置，如图 10-39 所示，再次单击系统弹出符号选择对话框，选择"同心"符号，如图 10-40 所示。

图 10-36 "形位公差"按钮

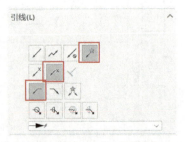

图 10-37 修改形位公差引线样式

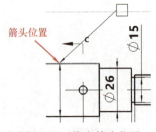

图 10-38 指定箭头位置

然后在弹出的"公差"对话框中调整公差值为"0.04"，并选中"直径符号"，再单击"添加基准"按钮，如图 10-41 所示，软件弹出"Datum"对话框，输入基准代号"A"，单击"完成"按钮，即可完成形位公差的添加，如图 10-42 所示，最终效果如图 10-43 所示，再单击绘图区右上角的"✓"按钮完成形位公差的添加。

图 10-39 放置符号位置

图 10-40 选择符号类型

图 10-41 "公差"对话框

图 10-42 "Datum"对话框

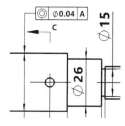

图 10-43 添加形位公差

16)为工程图添加表面粗糙度符号。单击"注解"工具栏上的"表面粗糙度符号"按钮,如图 10-44 所示,系统弹出"表面粗糙度"导航器,然后调整表面粗糙度符号样式和布局,输入"Ra"和"0.8",如图 10-45 所示,在绘图区域合适位置单击确定表面粗糙度符号的放置位置,完成表面粗糙度符号的放置,如图 10-46 所示。

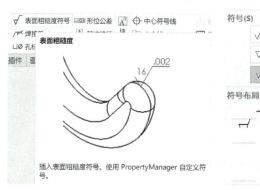

图 10-44 "表面粗糙度符号"按钮

图 10-45 修改样式和布局

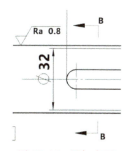

图 10-46 添加表面粗糙度符号

17)为剖视图添加尺寸。单击"注解"工具栏上的"智能尺寸"按钮,然后为三个剖视图添加尺寸,如图 10-47 所示。

18)为工程图添加技术要求。单击"注解"工具栏上的"注释"按钮,如图 10-48 所示,系统弹出"注释"导航器,然后在绘图区域单击确定技术要求的书写位置,再输入技术要求的内容,如图 10-49 所示,最后在绘图区域的空白处单击完成技术要求的输入。

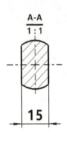 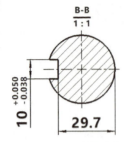 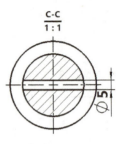

图 10-47 添加剖视图尺寸

图 10-48 "注释"按钮

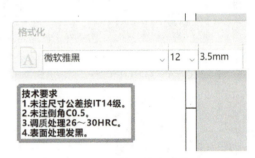

图 10-49 输入技术要求

再单击绘图区右上角的"✓"按钮完成技术要求的添加,如图 10-50 所示,螺纹轴的二维工程图最终效果如图 10-51 所示。

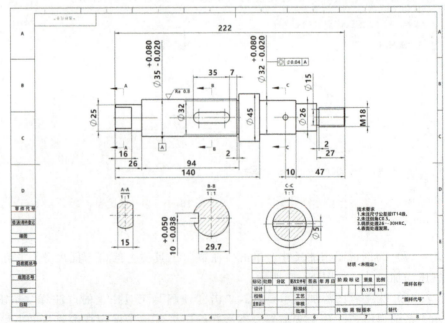

图 10-50 技术要求   图 10-51 螺纹轴工程图最终效果

项目10　工程图的设计

技巧点拨：在绘制工程图并进行尺寸标注时，如果原有图纸模版的尺寸是精确到小数点后两位，有时需要将尺寸精度改成小数点后三位。其操作方法如下：单击"选项"按钮，在弹出的对话框中选择"文档属性"→"尺寸"→"主要精度"，将主要精度修改为小数点后三位 即可。

任务10.2　阀体工程图的设计

【知识目标】

通过本任务的学习，使读者能熟练掌握二维工程图创建的基本步骤、各种视图的使用、零件尺寸的标注、形位公差的添加、技术要求的添加等操作，最终能够完成符合国家标准的机械零部件图样。

【技能目标】

能运用工程图命令完成阀体的工程图设计。

【素质目标】

培养爱岗敬业、遵纪守法的职业素养；培养互帮互助、团队协作的优良品质；培养一丝不苟、精益求精的工匠精神。

阀体工程图的设计

【任务布置】

根据已知阀体三维模型，精确地完成其工程图设计，如图10-52所示。

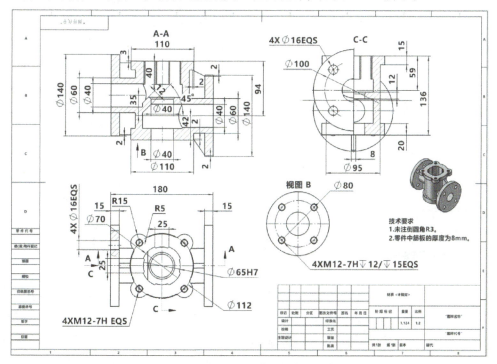

图10-52　阀体工程图

【任务实施】

1）新建文件。启动 SolidWorks 2022 软件，单击工具栏中的"新建"按钮，系统弹出"新建 SolidWorks 文件"对话框，在对话框中单击"高级"按钮，选择"gb_a3"，单击"确定"按钮，如图 10-2 所示，得到一张空的 A3 图纸。

2）此时软件进入了模型视图状态，如果软件没有打开任何零件，就需要单击左侧导航栏中的"浏览"按钮，软件会弹出"打开"对话框，然后选择要生成工程图的零件"阀体"，再单击"打开"按钮，软件就进入了视图配置状态，如图 10-3 所示，此时在左侧导航栏中选择要投影的视图为俯视图，如图 10-53 所示，同时该视图已经附着在了光标上，等待在图纸中放置。

3）此时移动光标在图纸中选择合适的位置单击即可完成俯视图的放置，软件同时进入了投影视图添加状态，暂时不需要添加其他投影视图，再单击绘图区域右上角的"✓"按钮即可完成俯视图的创建，如图 10-54 所示。

4）添加主视图。单击"工程图"工具栏上的"模型视图"按钮，系统弹出"模型视图"导航器，现在软件自动选中了"阀体"为要投影的零件，然后单击"下一步"按钮，如图 10-55 所示，进入视图选择状态，然后单击选择"主视图"，如图 10-56 所示，再移动视图到合适位置单击完成主视图的放置，如图 10-57 所示，然后单击"✓"按钮完成主视图的创建。

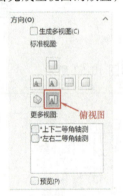
图 10-53 选择俯视图

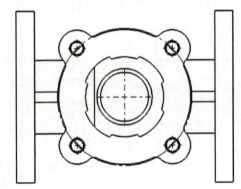
图 10-54 放置俯视图

图 10-55 选择"下一步"

图 10-56 选择"主视图"

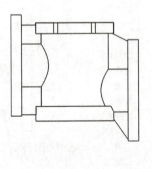
图 10-57 放置主视图

5）添加全剖视图。单击"工程图"工具栏上的"剖面视图"按钮，系统弹出"剖面视图辅助"导航器，然后单击"水平剖切"按钮，如图 10-58 所示，再单击选择俯视图中心位置作为剖切位置，如图 10-59 所示，然后单击快捷工具条上的"✓"按钮完成剖切位置的选择。此时软件会弹出剖面视图的"筋特征"选择对话框，如图 10-60 所示。

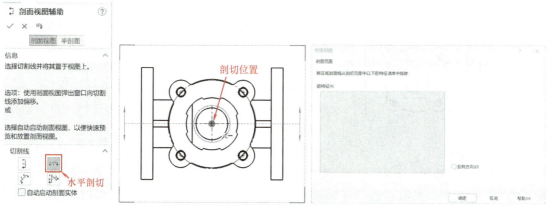

图 10-58 水平剖切　　　图 10-59 选择剖切位置　　　图 10-60 "筋特征"选择对话框

然后在主视图中选择零件上的四个筋特征，如图 10-61 所示，4 个筋特征会依次出现在"筋特征"列表中，如图 10-62 所示。

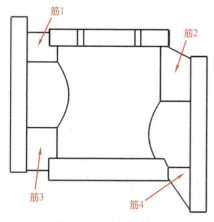 

图 10-61 选择筋特征　　　　　　　图 10-62 "筋特征"列表

> **注意**
>
> 在机械制图国家标准中，当剖切平面纵剖筋特征时，要求筋特征不画剖面线，因此在 SolidWorks 软件中当有筋特征时，首先在建模过程中要用筋特征来建模，然后在生成工程图时，要将筋特征选择到"筋特征"列表中，这样软件在对筋特征进行剖切时就会自动避开筋特征，并省略剖面线，形成了符合国家标准要求的筋特征剖切效果。

然后移动光标确定全剖视图的放置位置，如图 10-63 所示，再单击完成全剖视图的放置，最终剖切效果如图 10-64 所示。最后选中步骤 4）生成的主视图，按键盘上的<Delete>键，将主视图删除。

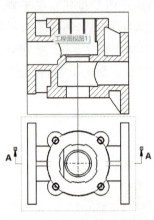

图 10-63 确定全剖视图位置

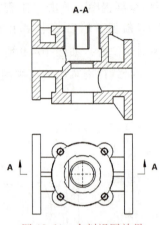

图 10-64 全剖视图效果

6）添加半剖视图。单击"工程图"工具栏上的"剖面视图"按钮，系统弹出"剖面视图辅助"导航器，然后单击"半剖面"标签，选择第三种剖切类型，如图 10-65 所示，再单击选择俯视图中心位置作为剖切位置，如图 10-66 所示，在弹出的"剖面范围"对话框中直接单击"确定"按钮，然后移动光标确定半剖视图放置位置，如图 10-67 所示，单击完成半剖视图的放置，如图 10-68 所示。

图 10-65 确定剖切类型

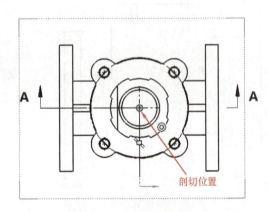

图 10-66 选择剖切位置

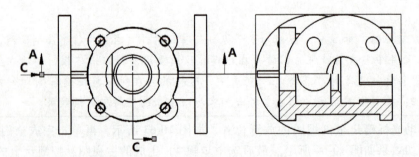

图 10-67 放置半剖视图

项目10 工程图的设计

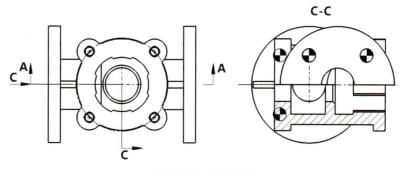

图 10-68 半剖视图

7）移动半剖视图。选中上一步生成的半剖视图，单击鼠标右键，在右键菜单中选择"视图对齐"→"解除对齐关系"，如图 10-69 所示，再次选中上一步生成的半剖视图，单击鼠标右键，在右键菜单中选择"缩放/平移/旋转"→"旋转视图"，如图 10-70 所示，在弹出的"旋转工程视图"对话框中输入旋转角度为 90°，单击"应用"按钮，再单击"关闭"按钮完成视图的旋转，如图 10-71 所示。然后移动半剖视图并删除图形中多余的线段和标记，最终效果如图 10-72 所示。

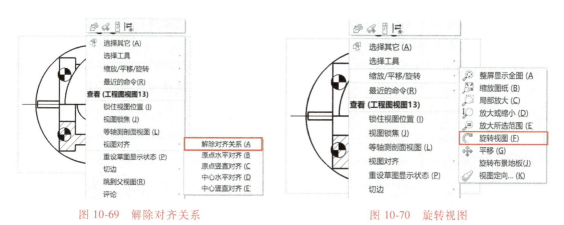

图 10-69 解除对齐关系　　　　图 10-70 旋转视图

图 10-71 输入旋转角度

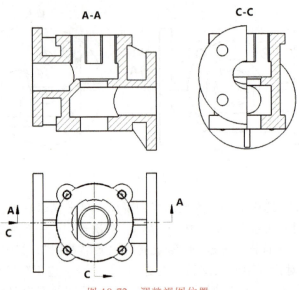

图 10-72　调整视图位置

8）为工程图添加中心符号线标记。单击"注解"工具栏上的"中心符号线"按钮，系统弹出"中心符号线"导航器，然后单击选中"C-C"剖面中的圆弧，即可自动生成相应的中心符号线，如图 10-73 所示。

9）为工程图添加中心线。单击"注解"工具栏上的"中心线"按钮，系统弹出"中心线"导航器，然后单击选中"A-A"剖面中的圆柱母线，即可自动生成相应的中心线，如图 10-74 所示，用同样的方法为俯视图添加中心线，如图 10-75 所示。

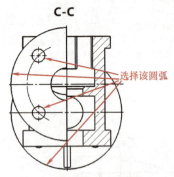

图 10-73　添加中心符号线

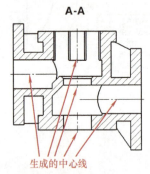

图 10-74　添加中心线（一）

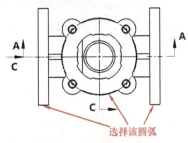

图 10-75　添加中心线（二）

10）为工程图添加辅助视图。单击"工程图"工具栏上的"辅助视图"按钮，如图 10-76 所示，系统弹出"辅助视图"导航器，然后单击选择全剖视图中的底边线，如图 10-77 所示，即可自动生成相应的向视图，如图 10-78 所示，然后使用"解除对齐"功能并将向视图移动到合适位置，最终效果如图 10-79 所示。

11）剪裁辅助视图。单击"草图"工具栏上的"圆"按钮，在绘图区域绘制一个圆，如图 10-80 所示，再单击"工程图"工具栏上的"剪裁视图"按钮，如图 10-81 所示，系统弹出"剪裁视图"导航器，由于上一步绘制的圆为选中状态，此时软件可自动完成对向视图的剪裁，最终效果如图 10-82 所示。

项目10　工程图的设计

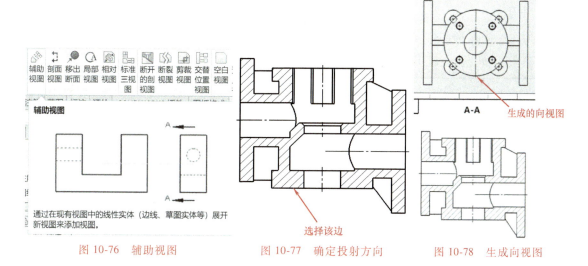

图 10-76　辅助视图　　图 10-77　确定投射方向　　图 10-78　生成向视图

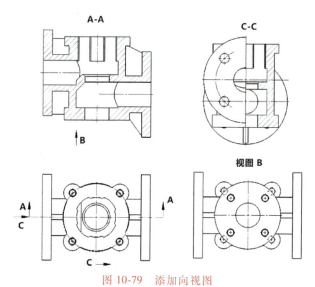

图 10-79　添加向视图

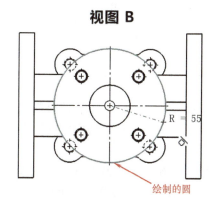

图 10-80　绘制圆

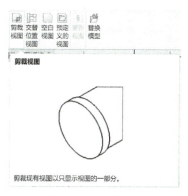

图 10-81　剪裁视图

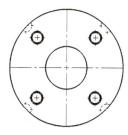

图 10-82　剪裁视图结果

> **注意**
>
> 此时向视图中可能会有多余的线段，可以选中线段后单击鼠标右键，选择右键菜单中的"隐藏"功能，如图 10-83 所示，完成不需要线段的隐藏，最终效果如图 10-84 所示。

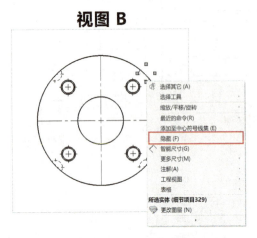

图 10-83　隐藏线段

图 10-84　最终向视图效果

12）添加局部剖视图。单击"工程图"工具栏上的"断开的剖视图"按钮，如图 10-85 所示，此时软件进入绘制样条曲线的状态，绘制一条样条曲线将要进行局部剖切的位置圈出来，如图 10-86 所示。

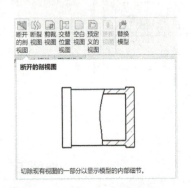

图 10-85　断开的剖视图

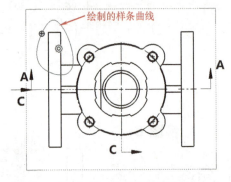

图 10-86　绘制样条曲线

绘制完样条曲线后，软件打开了"断开的剖视图"导航器，如图 10-87 所示，此时要求指定一个剖切深度，然后选择 C-C 剖面中的圆，如图 10-88 所示，软件会自动选中圆的中心作为剖切深度，最终形成的局部剖视图如图 10-89 所示。

13）标注线性尺寸。单击"注解"工具栏上的"智能尺寸"按钮，系统弹出"尺寸"导航器，此时可以通过选择阀体上的图元来完成线性尺寸标注，标注操作过程与 SolidWorks 草图模块的尺寸标注方法一致。完成尺寸的放置后，标注结果如图 10-90 所示。

项目10 工程图的设计

图 10-87 "断开的剖视图"导航器

图 10-88 选择剖切深度位置

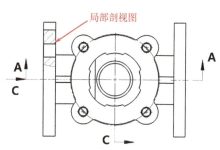

图 10-89 添加局部剖视图

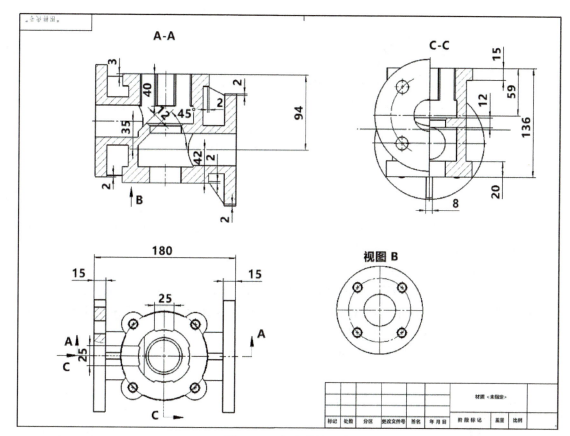

图 10-90 标注线性尺寸

14）标注直径和半径尺寸。单击"注解"工具栏上的"智能尺寸"按钮，系统弹出"尺寸"导航器，此时可以通过选择阀体上的图元来完成直径和半径尺寸标注，标注操作过程与 SolidWorks 草图模块的尺寸标注方法一致，在"引线"标签中可以修改标注数字的书写方向，将需要水平书写的数字调整成"水平"书写，完成尺寸的放置后，标注结果如图 10-91 所示。

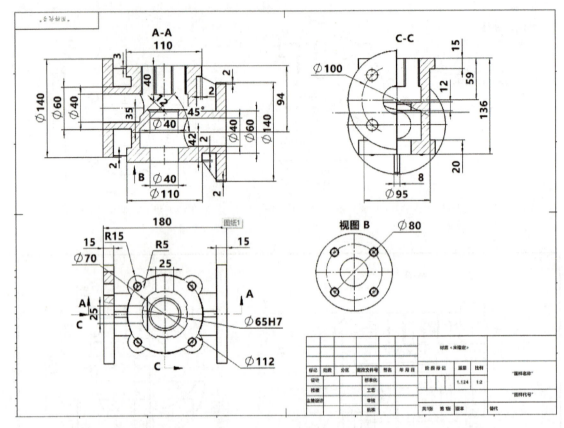

图 10-91　标注直径和半径尺寸

15）标注孔。单击"注解"工具栏上的"智能尺寸"按钮，系统弹出"尺寸"导航器，此时选择阀体上的各孔进行标注，标注操作过程与 SolidWorks 草图模块的尺寸标注方法一致。完成尺寸的放置后，在"尺寸"导航器上对相应的文字进行修改，在默认文字前加"4×"，在默认文字后加"EQS"，左右连接板上的孔标注结果如图 10-92 所示，然后标注顶板上的螺纹孔，在导航器中切换到"引线"标签，修改文字放置方式为水平放置，如图 10-93 所示，标注结果如图 10-94 所示。

用同样的方法标注其他的孔，工程图最终标注结果如图 10-95 所示。

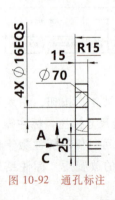
图 10-92　通孔标注

图 10-93　文字水平放置

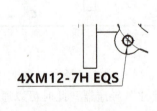
图 10-94　螺纹孔标注

16）添加技术要求。单击"注解"工具栏上的"注释"按钮，系统弹出"注释"导航器，然后在绘图区域单击确定技术要求的书写位置，再输入技术要求的内容，如图 10-96 所示，最后在绘图区域的空白处单击完成技术要求的输入。

再单击绘图区右上角的"✓"按钮完成技术要求的添加，如图 10-97 所示，阀体的二维工程图最终效果如图 10-98 所示。

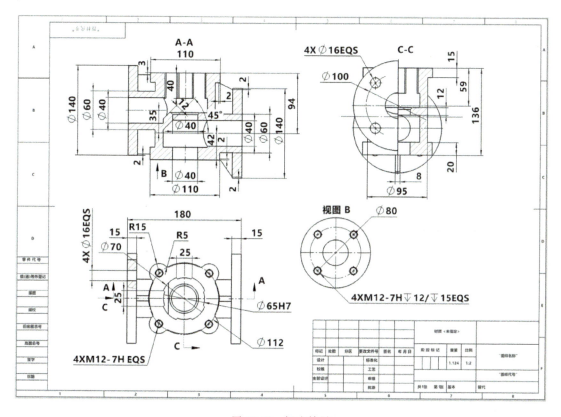

图 10-95 标注结果

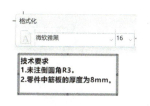

图 10-96 输入技术要求

技术要求
1. 未注倒圆角R3。
2. 零件中筋板的厚度为8mm。

图 10-97 技术要求

【知识链接】

1. 剖面视图

首先在工程图环境中为零件添加一个俯视图，如图 10-99 所示，然后学习剖面视图的相关操作。

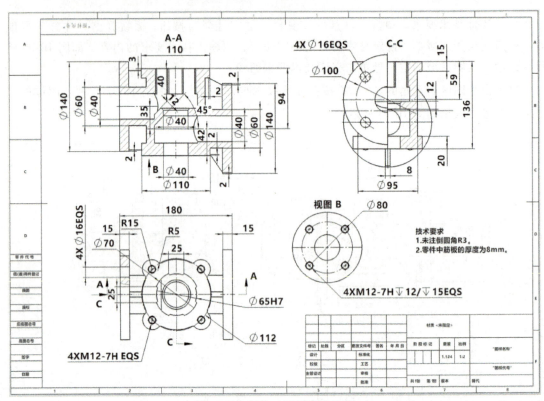

图 10-98 阀体工程图最终效果

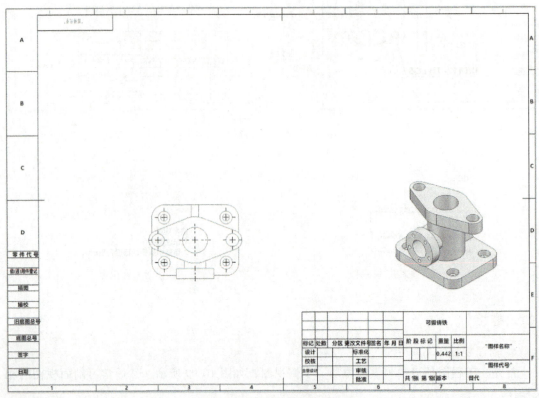

图 10-99 生成零件的俯视图

单击"工程图"工具栏上的"剖面视图"按钮,系统弹出图 10-100 所示的"剖面视图辅助"属性管理器,首先需要选择剖切大类是"剖面视图"还是"半剖面",系统默认选择的是"剖面视图"。在"剖面视图"大类下又有四种剖切方式供选取,如图 10-101 所示,分别为"水平剖切""垂直剖切""倾斜剖切"和"对齐剖切"。不同的剖切方式适应不同的绘图需求,下面分别介绍各种剖切方式的剖切效果。

图 10-100 "剖面视图辅助"属性管理器

图 10-101 剖切类型

（1）垂直剖切 选择剖切类型为"垂直剖切",此时光标上会跟随一个垂直剖切符号,如图 10-102 所示,然后移动光标选中模型中心点作为剖切位置,在弹出的快捷工具条中单击"确认"按钮,如图 10-103 所示。如果模型中有"筋"特征,则会弹出对话框用来选择模型中的"筋"特征,然后移动光标确定剖视图的放置位置,如图 10-104 所示,单击确定放置位置后,最终的垂直剖切效果如图 10-105 所示。

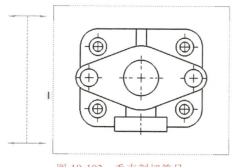

图 10-102 垂直剖切符号

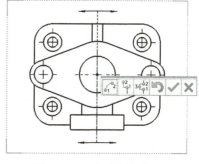

图 10-103 指定剖切位置

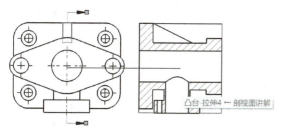

图 10-104 确定剖视图放置位置

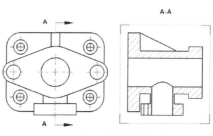

图 10-105 垂直剖切效果

（2）水平剖切　选择剖切类型为"水平剖切"，此时光标上会跟随一个水平剖切符号，如图 10-106 所示，然后移动光标选中模型中心点作为剖切位置，在弹出的快捷工具条中单击"确认"按钮 ✓，如图 10-107 所示。如果模型中有"筋"特征，则会弹出对话框用来选择模型中的"筋"特征，然后移动光标确定剖视图的放置位置，如图 10-108 所示，单击确定放置位置后，最终的水平剖切效果如图 10-109 所示。

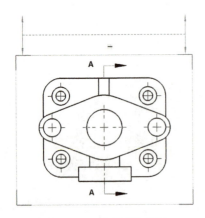

图 10-106　水平剖切符号

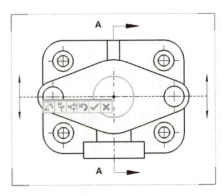

图 10-107　指定剖切位置

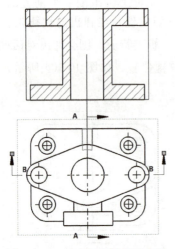

图 10-108　确定剖视图放置位置

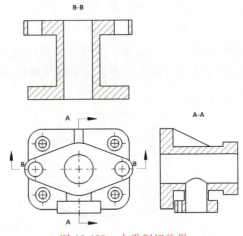

图 10-109　水平剖切效果

（3）倾斜剖切　首先删掉前面两次所做的剖面视图，选择剖切类型为"倾斜剖切"，此时光标上会跟随一个倾斜剖切符号，如图 10-110 所示，然后移动光标选中剖切线要通过的第一点（左下角圆孔中心），再移动光标选中剖切线要通过的另一点（右上角圆孔中心）作为剖切位置，在弹出的快捷工具条中单击"确认"按钮 ✓，如图 10-111 所示。如果模型中有"筋"特征，则会弹出对话框用来选择模型中的"筋"特征，然后移动光标确定剖视图的放置位置，如图 10-112 所示，单击确定放置位置后，最终的倾斜剖切效果如图 10-113 所示。

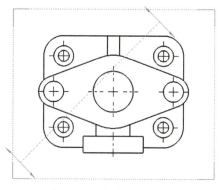

图 10-110　倾斜剖切符号

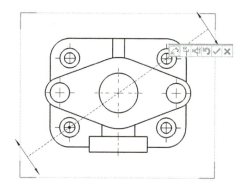

图 10-111　指定剖切位置

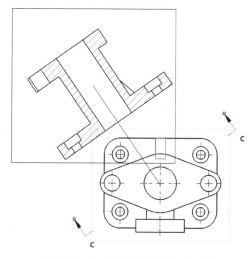

图 10-112　确定剖视图放置位置

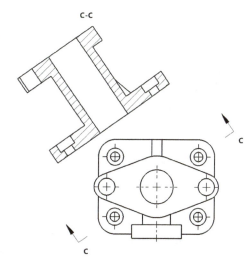

图 10-113　倾斜剖切效果

（4）对齐剖切　首先删掉前面所做的剖面视图，选择剖切类型为"对齐剖切"，此时光标上会跟随一个对齐剖切符号，如图 10-114 所示，然后移动光标选中模型的中心点作为对齐剖切的中心，再移动光标选中右上角圆孔中心作为第一剖切线要通过的点，再移动光标选中穿过中心的垂直线作为第二剖切线要通过的位置，在弹出的快捷工具条中单击"确认"按钮 ✓ ，如图 10-115 所示。如果模型中有"筋"特征，则会弹出对话框用来选择模型中的"筋"特征，然后移动光标确定剖视图的放置位置，如图 10-116 所示，单击确定放置位置后，最终的对齐剖切效果如图 10-117 所示。

2. 半剖视图

首先删掉前面所做的剖面视图，选择剖切大类为"半剖面"，如图 10-118 所示，半剖面的投影类型共有 8 种，如图 10-119 所示，选择第八种"剖切右下向上投影"，然后移动光标到俯视图上，光标上会跟随半剖视图剖切符号，如图 10-120 所示，再移动光标选中模型的中心点作为半剖视图的中心。如果模型中有"筋"特征，则会弹出对话框用来选择模型中的"筋"特征，然后移动光标确定半剖视图的放置位置，如图 10-121 所示，单击确定放置位置后，最终的半剖视图效果如图 10-122 所示。

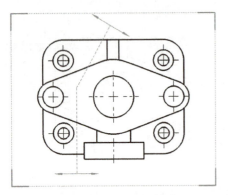

图 10-114　对齐剖切符号

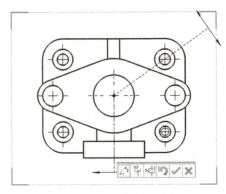

图 10-115　指定剖切位置

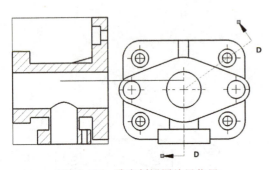

图 10-116　确定剖视图放置位置

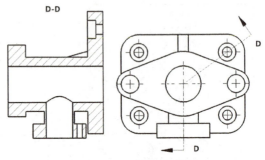

图 10-117　对齐剖切效果

图 10-118　"半剖面"选项卡

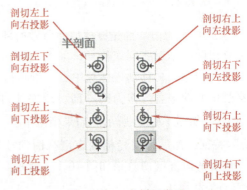

图 10-119　半剖面类型

其他 7 个方向的半剖视图操作方法同上，这里不再赘述。

技巧点拨：在进行尺寸标注时，对于同一类型的尺寸来说，可以先标一个尺寸，然后设置好该尺寸的各种样式，并将样式文件保存到计算机中，例如修改尺寸公差为双边公差，如图 10-123 所示，此时单击"尺寸"属性管理器中"样式"下的"添加或更新样式"按钮，如图 10-124 所示，系统弹出"添加或更新样式"对话框，在对话框中输入新名称

"A",如图 10-125 所示,再单击"确定"按钮,后续再标注其他同类型尺寸时,即可选择样式列表中的"A"样式,如图 10-126 所示,最终得到同样的公差标注效果,如图 10-127 所示。

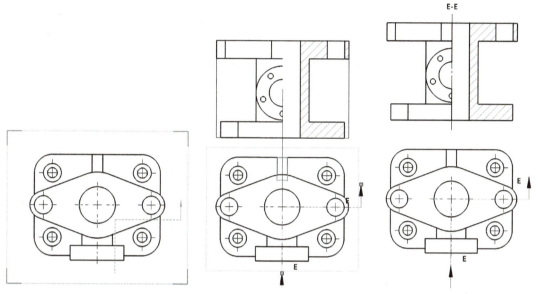

图 10-120　半剖视图剖切符号　　图 10-121　确定半剖视图放置位置　　图 10-122　半剖视图效果

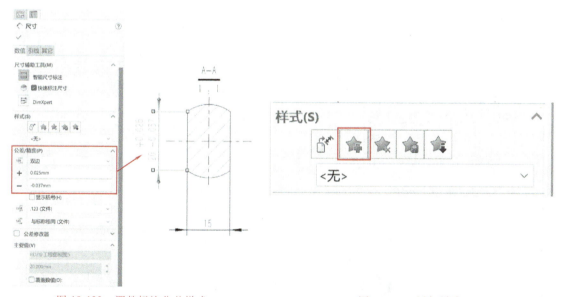

图 10-123　调整标注公差样式　　　　　　　　图 10-124　添加样式

图 10-125　输入新样式名"A"

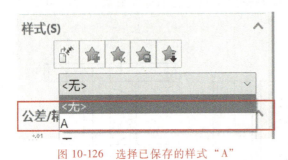

图 10-126　选择已保存的样式"A"　　　　图 10-127　标注效果

技能拓展训练题

【拓展任务】

1. 在 SolidWorks 中完成图 10-128 所示机械零件的三维建模及二维工程图的制作。

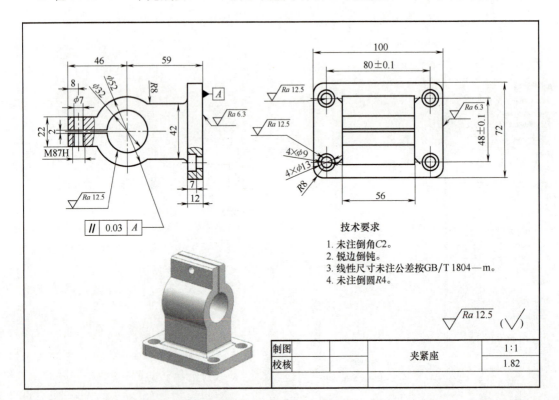

图 10-128　夹紧座零件工程图

2. 在 SolidWorks 中完成图 10-129 所示机械零件的三维建模及二维工程图的制作。

项目10 工程图的设计

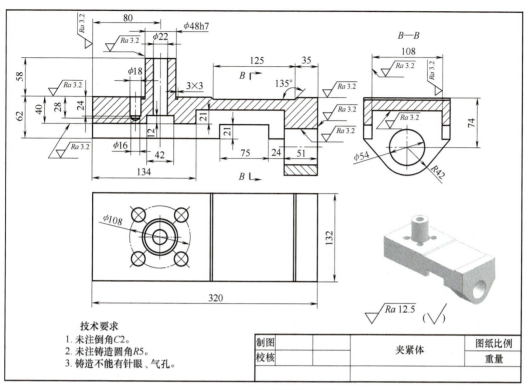

图 10-129 夹紧体零件工程图

【任务评价】

任务评价单

专业：_____ 班级：_____ 姓名：_____ 组别：_____

评价内容	评价标准	评价分值	自我评价（50%）	小组互评（20%）	教师评价（30%）
识图能力	正确读懂图样	30 分			
知识点应用情况	关键知识点内化	20 分			
操作熟练程度	绘图快速、准确	15 分			
小组协作精神	相互交流、讨论，确定设计思路	10 分			
课堂纪律	认真思考、刻苦钻研	10 分			
学习主动性	学习意识增强、精益求精、敢于创新	15 分			
	小计	100 分			
	总评				

小组组长签字：_____　　　　任课教师签字：_____

项目 11

运动仿真的设计

SolidWorks 运动仿真是利用计算机软件模拟机械运动的过程，精确求解活动零部件的关键运动参数。在机械产品样机制造之前，可以通过运动仿真及时发现运动机构存在的问题，对改进机械产品设计、缩短产品开发周期、节约产品研发成本具有重要意义。目前市场上用于运动仿真的三维应用软件很多，其中 SolidWorks 因直接调用装配体模型配合作为约束条件，输出结果精确，操作便捷而得到广泛应用。本项目主要介绍单缸摇摆蒸汽机运动仿真和挖掘机运动仿真的一般操作方法与应用技巧。

任务 11.1 单缸摇摆蒸汽机运动仿真的设计

【知识目标】

通过本任务的学习，使读者能熟练掌握旋转马达、结果输出、运动算例属性等命令的应用与操作方法。

【技能目标】

能运用运动仿真命令完成单缸摇摆蒸汽机的运动仿真设计。

【素质目标】

培养爱岗敬业、遵纪守法的职业素养；培养互帮互助、团队协作的优良品质；培养一丝不苟、精益求精的工匠精神。

【任务布置】

根据单缸摇摆蒸汽机的工作原理，精准地完成其运动仿真设计，如图 11-1 所示。

单缸摇摆蒸汽机
运动仿真的设计

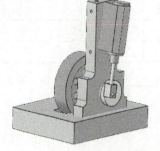
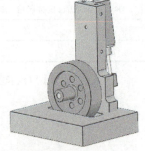

图 11-1 单缸摇摆蒸汽机模型

项目11　运动仿真的设计

【任务实施】

1）打开单缸摇摆蒸汽机模型文件。启动 SolidWorks 2022 软件，单击工具栏中的"打开"按钮，选择单缸摇摆蒸汽机装配体模型文件，单击"打开"按钮。

2）单击"运动算例1"选项，进入动画制作界面，调整装配体模型处于窗口合适位置。

3）选择"Motion 分析"。

4）拖动时间键码到第 12 秒。

5）单击"马达"按钮，如图 11-2 所示。

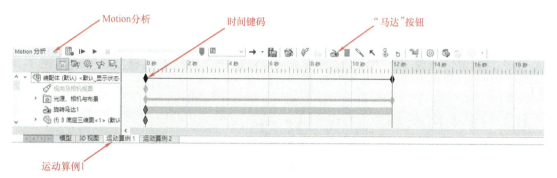

图 11-2　步骤 2)~5)

6）"马达类型"选择"旋转马达"，"马达位置"选择带轮轴外表面，"要相对此项而移动的零部件"选择机架，方向保持默认，如需改变方向，则单击"改变马达方向"按钮，选择"等速"，速度设置为"100RPM"⊖，全部设置完成后单击"确定"按钮，如图 11-3 所示。

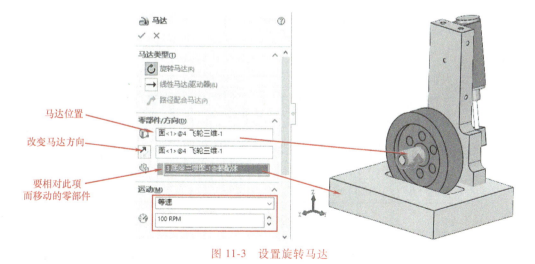

图 11-3　设置旋转马达

7）单击"计算"按钮，完成对动画模拟计算。

⊖　100RPM 即 100r/min。

233

8) 单击"播放"按钮 ▶,即可观看制作完成的动画效果,如图 11-4 所示。

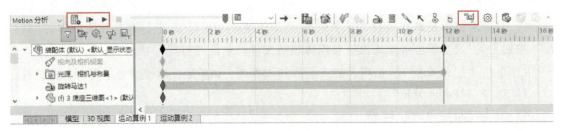

图 11-4 计算及播放运动仿真动画

9) 单击"结果输出"按钮,依次选择"位移/速度/加速度""角速度""幅值"选项,选择气缸与摆动轴配合"同心 39",作为测量气缸摆动速度的配合,其他选项保持默认,单击"确定"按钮,如图 11-5 所示,即可输出气缸摆动角速度图像,如图 11-6 所示。

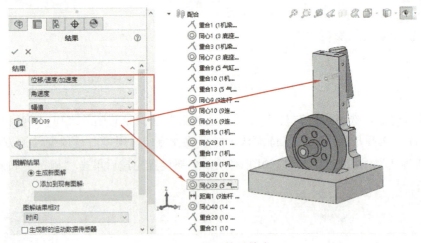

图 11-5 设置结果输出

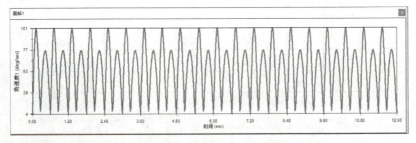

图 11-6 气缸摆动角速度图像

【知识链接】

1. 马达的类型

SolidWorks 运动算例中马达为运动仿真的原动件提供"动力",单击"马达"按钮启用马达,常用的马达类型有旋转马达和线性马达。

（1）旋转马达　旋转马达用于驱动构件做旋转运动，马达位置可以选择与零件轴线同心的任意圆柱面，或与旋转轴线重合的基准轴，如图11-7所示。

图11-7　旋转马达的位置

（2）线性马达　线性马达用于驱动构件做直线运动，马达位置选择与运动方向垂直的平面即可，如图11-8所示。

技巧点拨：如果旋转构件没有与旋转轴同心的圆柱面作为马达驱动位置，则可以在旋转轴位置，通过"拉伸切除"命令生成较小圆柱面作为马达驱动位置。

2. 马达速度

马达速度除等速外还有距离、振荡、线段、数据点、表达式、伺服马达、函数驱动方式，读者可根据实际情况选择恰当的类型，如图11-9所示。

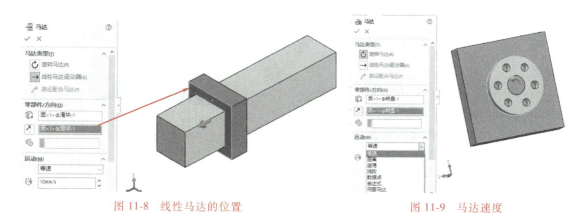

图11-8　线性马达的位置　　　　　图11-9　马达速度

任务11.2　挖掘机运动仿真的设计

【知识目标】

通过本任务的学习，使读者能熟练掌握通过控制构件之间的配合进行运动仿真。

【技能目标】

能运用运动仿真命令完成挖掘机的运动仿真设计。

【素质目标】

培养爱岗敬业、遵纪守法的职业素养；培养互帮互助、团队协作的优良品质；培养一丝不苟、精益求精的工匠精神。

【任务布置】

根据挖掘机的工作原理，精准地完成其运动仿真设计，如图11-10所示。

挖掘机运动仿真的设计

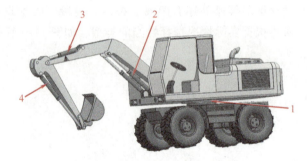

图 11-10　挖掘机模型

【任务实施】

1）打开挖掘机模型文件。启动 SolidWorks 2022 软件，单击工具栏中的"打开"按钮 ，选择挖掘机装配体模型文件，单击"打开"按钮。

2）分析挖掘机运动过程。挖掘机工作时主要包括如下几个运动，如图11-11所示：

① 机身的旋转运动，由液压旋转马达1驱动。

② 大臂上下摆动，由液压缸2驱动。

③ 小臂上下运动，由液压缸3驱动。

④ 挖斗摆动，由液压缸4驱动。

图 11-11　挖掘机运动分析

1—液压旋转马达　2、3、4—液压缸

3）通过设置距离配合将挖掘机各构件设置在大臂放低、小臂收起、挖斗收起的初始状态，如图11-10所示。

① 在模型树中右击底盘前视基准面，在弹出的对话框中单击"配合"按钮 ，在配合选择项中选择机身前视基准面，将角度配合设置为0°，完成后单击"确定"按钮 ，如图11-12所示。

② 设置大臂液压缸活塞底面与液压缸底面为100mm距离配合。为便于观察液压缸内部，单击液压缸右视基准面，然后单击"剖视"按钮 ，右击活塞底面后单击"配合"按钮 ，再选择液压缸底面，将距离配合设置为100mm，完成后单击"确定"按钮 ，如图11-13所示。

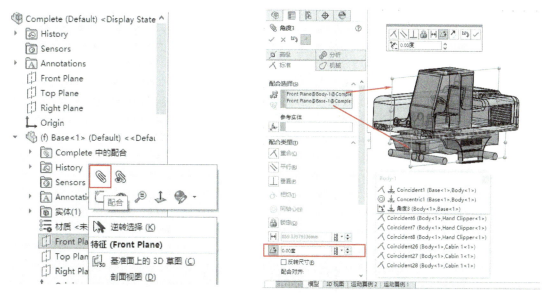

图 11-12 设置机身和底盘前视基准面角度配合

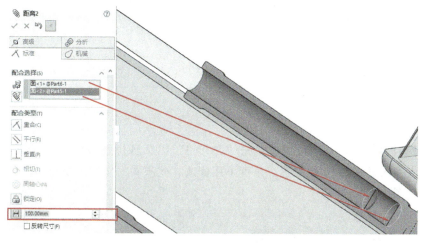

图 11-13 设置液压缸活塞与液压缸底部距离配合

③ 与步骤②操作方法一致，分别设置小臂液压缸、挖斗液压缸活塞底面与液压缸底面为距离配合，数值分别为 450mm 与 400mm。

4）单击"运动算例1"，选择"动画"选项，将时间拖动至 10 秒，即设置整个仿真动画时间为 10 秒，如图 11-14 所示。

5）拖动运动算例左侧滚动条，找到配合中的机身与底盘角度配合3，拖动时间杆至 2 秒位置，单击"角度3" 0 秒位置键码，依次按<Ctrl+C>和<Ctrl+V>键完成对"角度3"键码复制，此时复制的键码处于 2 秒位置，然后双击 2 秒位置的键码，在弹出的对话框中输入 90°，完成后单击"确定"按钮，如图 11-15 所示。此步骤的作用是，在 0 秒至 2 秒挖掘机机身旋转 90°。

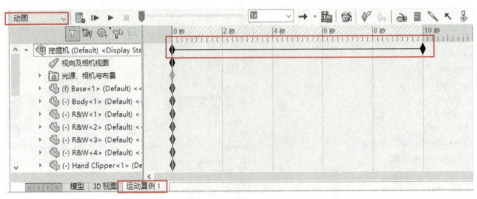

图 11-14 设置运动算例 1

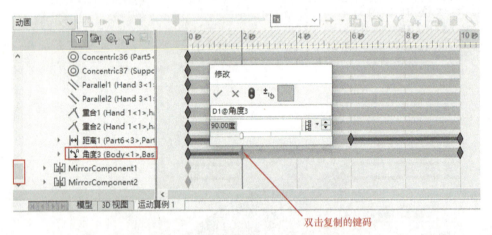

图 11-15 复制及修改"角度 3"键码

6)将时间杆拖动到 10 秒位置,单击"角度 3"第 2 秒位置键码,依次按<Ctrl+C>和<Ctrl+V>键将键码复制到 10 秒位置,角度不用修改,此步骤的作用是使挖掘机机身保持 90°位置不动,如图 11-16 所示。

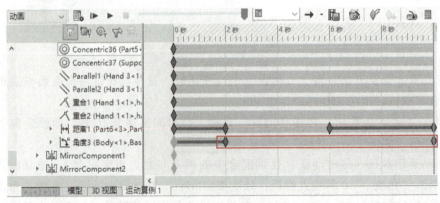

图 11-16 复制"角度 3"2 秒键码至 10 秒位置

7)将时间杆拖动到 2 秒位置,选择配合"距离 1"键码,依次按<Ctrl+C>和<Ctrl+V>键,双击复制的 2 秒处键码,在弹出的对话框中距离输入 100mm,完成后单击"确定"按

钮 ✓ 。此步骤使挖斗驱动液压缸的活塞与缸体配合"距离 1"变为 100mm，挖斗做抬起运动，如图 11-17 所示。

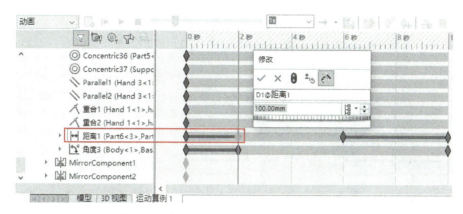

图 11-17　复制"距离 1"0 秒键码至 2 秒位置

8）将时间杆拖动至 6 秒位置，单击"距离 1"2 秒处键码，依次按<Ctrl+C>和<Ctrl+V>键，2 秒至 6 秒"距离 1"数值保持不变，如图 11-18 所示。

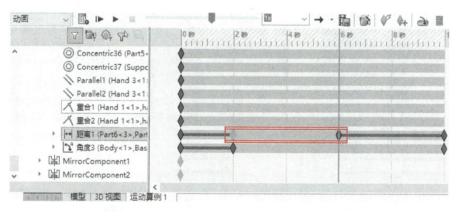

图 11-18　复制"距离 1"2 秒键码至 6 秒位置

9）将时间杆拖动至 10 秒位置，与上步操作一致，将"距离 1"6 秒处键码复制至 10 秒位置，双击键码更改数值为 300mm，此步骤的作用是使挖斗驱动液压缸做伸长运动，挖斗做下挖动作，如图 11-19 所示。

10）与上面操作方法一致，依次将"距离 2"键码复制到 2 秒、6 秒、10 秒位置，其中 2 秒、6 秒位置距离数值为 200mm，10 秒位置距离数值设置为 400mm，此步骤的作用是使小臂驱动液压缸 0 秒至 2 秒收缩至 200mm，2 秒至 6 秒保持静止，6 秒至 10 秒伸长至 400mm，小臂对应的动作是抬起、静止、下摆，如图 11-20 所示。

11）与上面操作方法一致，依次将"距离 3"键码复制到 2 秒、6 秒、10 秒位置，其中 2 秒、6 秒位置距离数值为 500mm，10 秒位置距离数值设置为 120mm，此步骤的作用是使大臂驱动液压缸 0 秒至 2 秒伸长至 500mm，2 秒至 6 秒保持静止，6 秒至 10 秒收缩至 120mm，大臂对应的动作是抬起、静止、下摆，如图 11-21 所示。

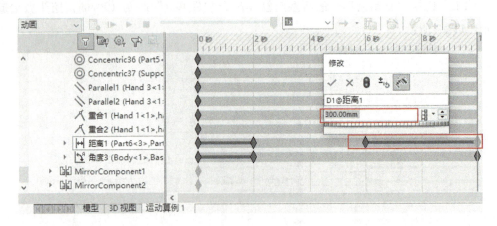

图 11-19 复制"距离 1"6 秒键码至 10 秒位置

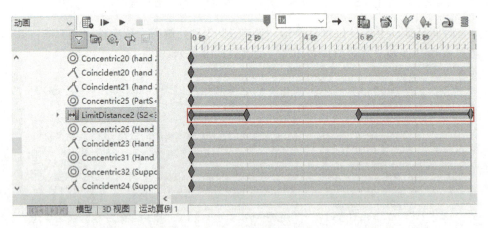

图 11-20 复制"距离 2"键码至 2 秒、6 秒、10 秒位置

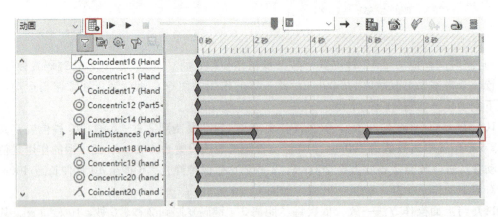

图 11-21 复制"距离 3"键码至 2 秒、6 秒、10 秒位置

12）单击"计算"按钮 ，模拟计算挖掘机整个运动过程，然后单击"播放"按钮观看运动仿真动画，如图 11-22 所示。

项目11 运动仿真的设计

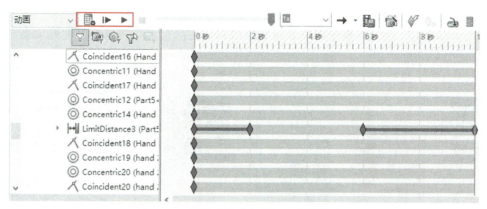

图 11-22 计算及播放挖掘机运动仿真动画

【知识链接】

配合驱动构件

SolidWorks 运动算例中除使用马达外，还可以通过构件间的配合关系实现简单的运动仿真。如图 11-23 所示，在 2 秒、4 秒、6 秒位置分别复制滑块与圆轨之间的距离配合，距离数值分别输入 100mm、20mm、100mm，单击"计算"按钮 ，即可模拟滑块简单的往复运动。

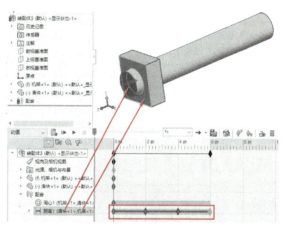

图 11-23 滑块往复运动仿真

技巧点拨：通过配合模拟简单的动画只能在运动算例"动画"模块中使用，如需模拟复杂的机械运动，特别是要得到模型构件运动参数时必须使用 Motion 模块进行模拟。

 技能拓展训练题

【拓展任务】

1. 在 SolidWorks 运动算例中模拟内燃机曲柄连杆机构运动过程，并求解曲轴活塞运动

241

速度图像，如图 11-24 所示。

2. 在 SolidWorks 运动算例中模拟万向联轴器机构运动过程，并求解万向联轴器角速度图像，如图 11-25 所示。

拓展任务 1：
内燃机曲柄连杆机构运动仿真的设计

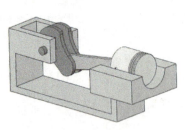

拓展任务 2：
万向联轴器运动仿真的设计

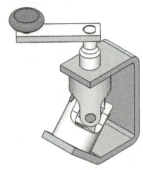

图 11-24　内燃机曲柄连杆机构　　　　　图 11-25　万向联轴器机构

【任务评价】

任务评价单

专业：_____　班级：_____　姓名：_____　组别：_____

评价内容	评价标准	评价分值	自我评价（50%）	小组互评（20%）	教师评价（30%）
识图能力	正确分析机构的工作原理，确定其主运动构件及各构件之间的运动关系	30 分			
知识点应用情况	关键知识点内化	20 分			
操作熟练程度	创建运动仿真快速、准确	15 分			
小组协作精神	相互交流、讨论，确定设计思路	10 分			
课堂纪律	认真思考、刻苦钻研	10 分			
学习主动性	学习意识增强、精益求精、敢于创新	15 分			
	小计	100 分			
	总评				

小组组长签字：_____　　任课教师签字：_____

参 考 文 献

[1] 郑贞平,张小红. SolidWorks 2016 基础与实例教程[M]. 2版. 北京:机械工业出版社,2020.
[2] 方显明,祝国磊,徐翔莺. SolidWorks 基础教程:2021版[M]. 北京:机械工业出版社,2022.
[3] 陈乃峰. SolidWorks 2010 中文版三维设计案例教程[M]. 北京:清华大学出版社,2014.
[4] 李奉香. SolidWorks 零件建模操作及实例[M]. 北京:机械工业出版社,2016.
[5] 张平. SolidWorks 基础与实例教程[M]. 北京:机械工业出版社,2018.
[6] 天工在线. 中文版 SOLIDWORKS 2022 从入门到精通:实战案例版[M]. 北京:中国水利水电出版社,2022.
[7] 赵罘,杨晓晋,赵楠. SolidWorks 2022 中文版基础教程[M]. 北京:人民邮电出版社,2022.
[8] 胡其登,戴瑞华. SOLIDWORKS Simulation 高级教程:2020版[M]. 北京:机械工业出版社,2020.
[9] 胡仁喜,刘昌丽. SOLIDWORKS 2022 中文版曲面造型从入门到精通[M]. 北京:机械工业出版社,2023.
[10] 金钟庆,从岩,王子剑. SolidWorks 2022 中文版完全自学一本通[M]. 北京:电子工业出版社,2022.
[11] 周涛. SOLIDWORKS 2020 从入门到精通[M]. 北京:化学工业出版社,2021.
[12] 胡其登,戴瑞华. SOLIDWORKS 工程图教程:2020版[M]. 11版. 北京:机械工业出版社,2020.
[13] 云智造技术联盟. SOLIDWORKS 2020 中文版完全实战一本通[M]. 北京:化学工业出版社,2020.
[14] 北京兆迪科技有限公司. SolidWorks 工程图教程:2018中文版[M]. 北京:电子工业出版社,2018.
[15] 赵罘,杨晓晋,赵楠. SolidWorks 2015 中文版标准教程[M]. 北京:清华大学出版社,2015.
[16] 徐家忠,刘明俊. 机械产品三维模型设计:中级[M]. 北京:机械工业出版社,2022.
[17] 刘恩宇,王磊. SolidWorks 造型设计[M]. 大连:大连理工大学出版社,2021.
[18] 詹建新,魏向京. SolidWorks 2021 产品设计标准教程[M]. 北京:清华大学出版社,2022.
[19] 刘红政,肖冰. SOLIDWORKS Motion 运动仿真实例详解:微视频版[M]. 北京:机械工业出版社,2018.
[20] 胡其登,戴瑞华. SOLIDWORKS Motion 运动仿真教程:2020版[M]. 北京:机械工业出版社,2020.
[21] 张晋西,蔡维,谭芬. SolidWorks Motion 机械运动仿真实例教程[M]. 北京:清华大学出版社,2013.